全国高等医药院校药学类专业第五轮规划教材

制药工程制图习题集

主　编　韩　静
副主编　赵宇明　苏　慧
编　者（以姓氏笔画为序）
刘长波（沈阳药科大学）
李方娟（牡丹江医学院）
李坤平（广东药科大学）
李瑞海（辽宁中医药大学）
苏　慧（黑龙江中医药大学）
吴宏宇（沈阳药科大学）
张大勇（沈阳药科大学）
赵宇明（沈阳药科大学）
韩　静（沈阳药科大学）

中国健康传媒集团
中国医药科技出版社

目　录

班级：________学号：________姓名：________

1-1　GB长仿宋体书写练习。

沈阳药科大学第共张数班级姓名日期

工程制图标准审核比例组合体线型弧

釜塔罐炉管槽器床板盖壳封泵阀法兰

座支架套筒罩配零件铸钢螺栓垫圈钩

1-2　GB字母及数字书写练习。

ABCDEFGHIJKLMNOPQRSTUVWXYZ

abcdefghijklmnopqrstuvwxyz

1234567890

R12 5 φ50 2:1 45%

I II III IV V VI VII VIII IX X

班级：________学号：________姓名：________

1-3　在指定位置画出或补全图形图线。

1. 完成图形中左右对称的各种图线。

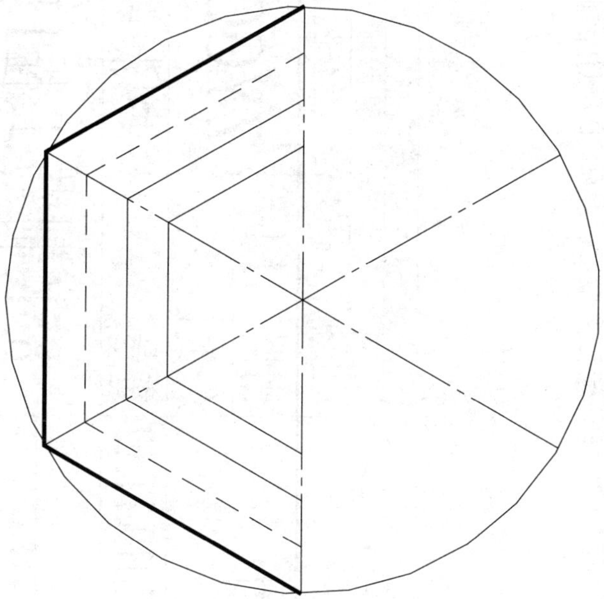

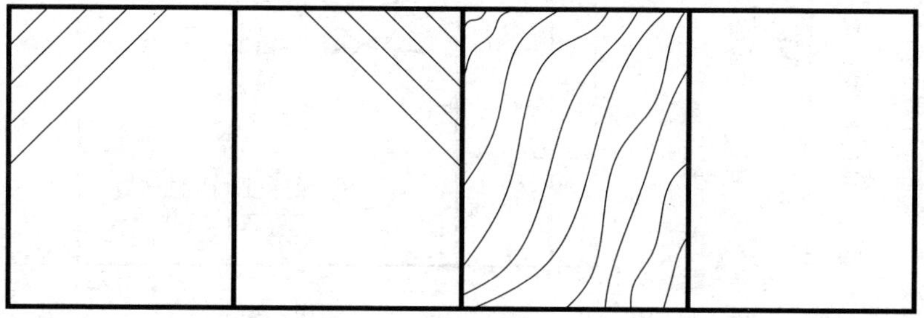

2. 过等分点照画下列图线的平行线。

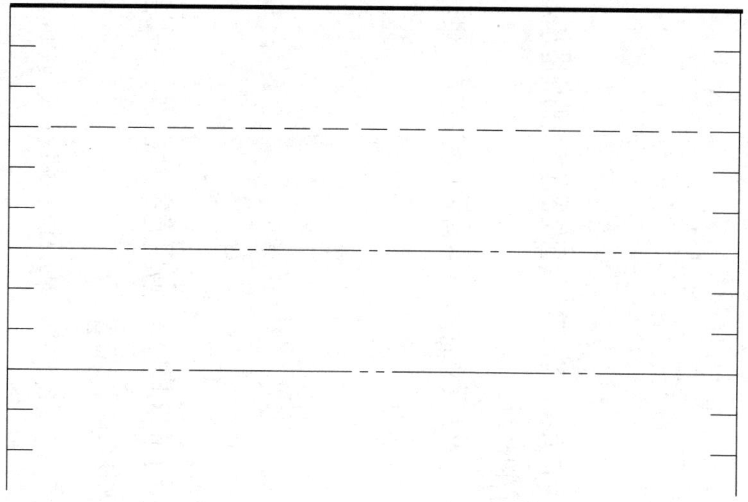

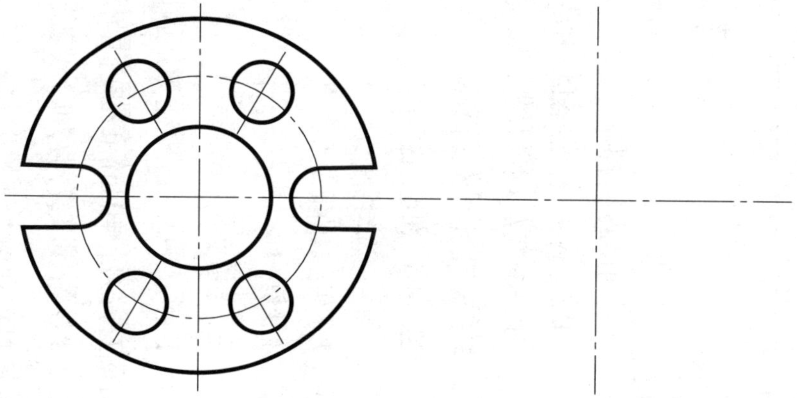

绘图训练-1：基本练习

基本练习制图作业要求

一、目的、内容与要求

1.目的、内容：初步掌握国家标准《机械制图》的有关内容，学会绘图仪器和工具的使用方法。

抄画：① 线型（不注尺寸）；② 零件轮廓（标注尺寸）。

2.要求：图形正确，布置适当，线型合格，字体工整，尺寸完整，符合国标，连接光滑，图面整洁。

二、图名、图幅、比例

1.图名：基本练习。

2.图辐：A4图纸。

3.比例：1∶1。

三、绘图步骤及注意事项

1.绘图前应对所画图形仔细分析研究以确定正确的作图步骤，特别要注意零件轮廓线上圆弧连接的各切点及圆心位置必须正确作出，在图面布置时还应考虑预留标注尺寸的位置。

2.线型：粗实线宽度为0.6mm，虚线及细线宽度约为粗实线的1/3，即0.25mm，虚线长度约4mm，间隙约1mm，点划线长（15～20）mm，间隙及作为点的短划共约3mm。

3.字体：图中汉字均写长仿宋体并按指定的字体大小先打格子，然后写字；标题栏内图名及图号写10号字，校名写7号字，班级写在校名下方，姓名写在“制图”栏内，都写5号字；图中尺寸数字写3.5号字，写字前应先画两条平行细线，以保证尺寸数字高度一致。

4.箭头：宽约0.7mm，长为宽的4倍左右。

5.加深或上墨：完成底稿后，用铅笔加深或上墨由教师指定。在加深或上墨前，必须进行仔细校核。若用铅笔加深，则圆规的铅芯应比画直线的铅笔软一号。

四、标题栏示例

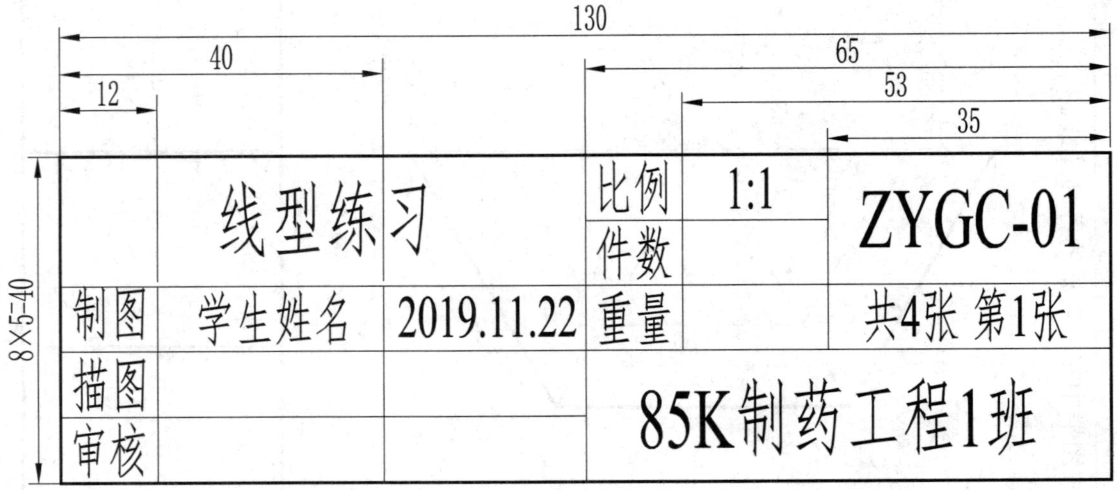

班级：________学号：________姓名：________

绘图训练- 2　基本练习　线型

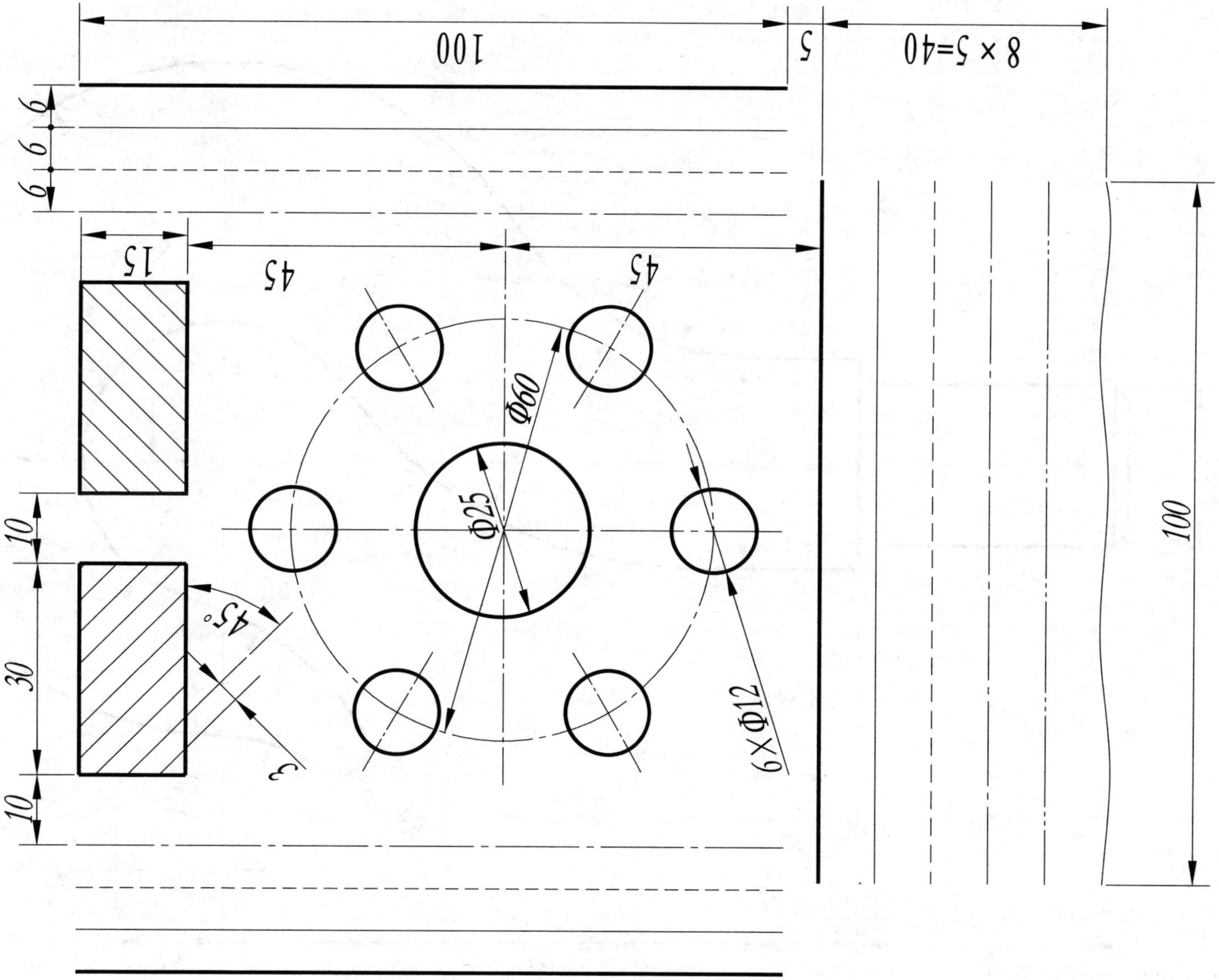

绘图训练-3　基本练习　起重钩

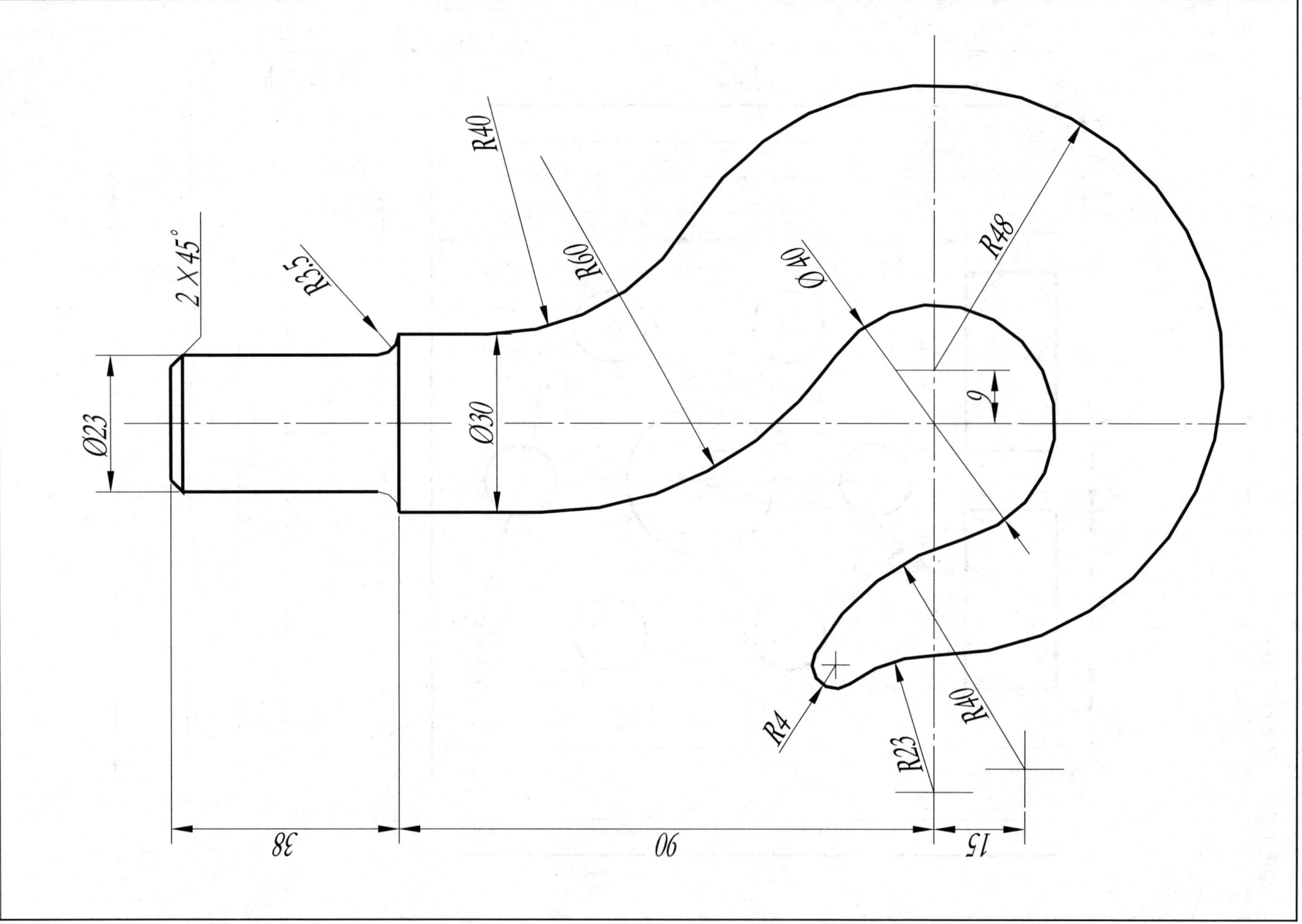

1-4　尺寸标注练习：尺寸数值从图中量取整数。

1. 线性尺寸。

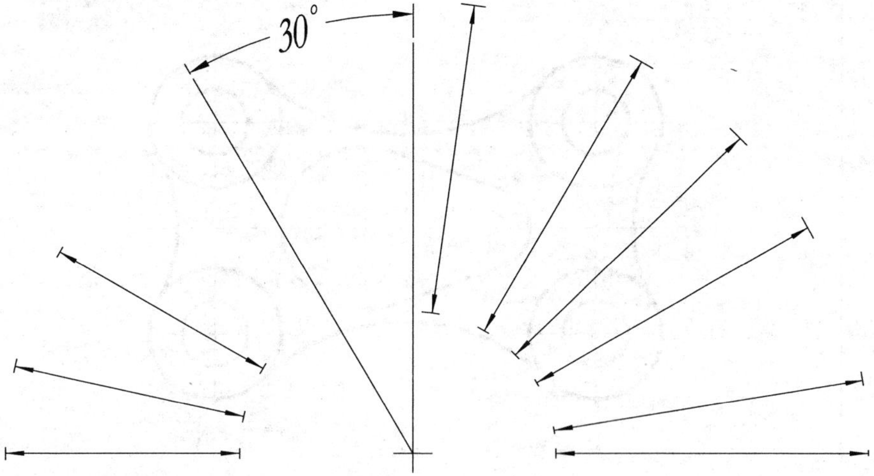

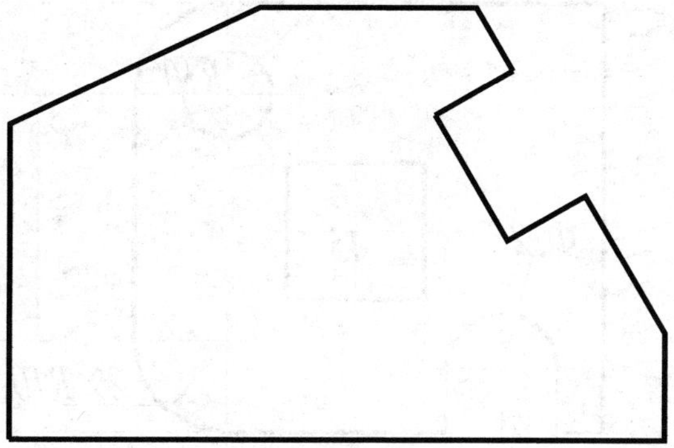

2. 圆及圆弧标注。

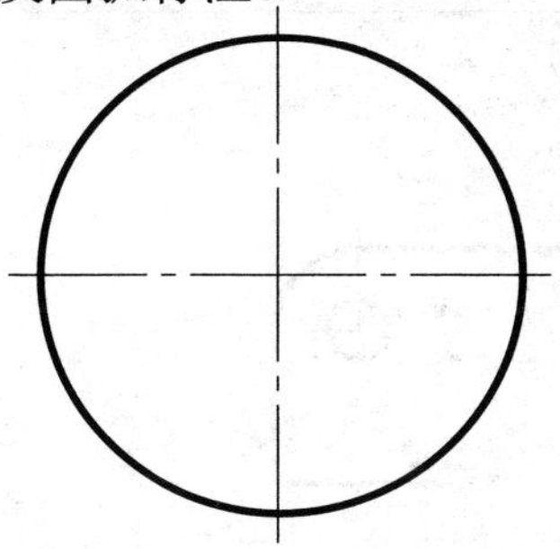

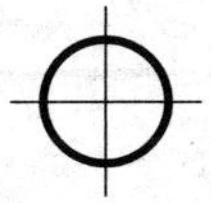

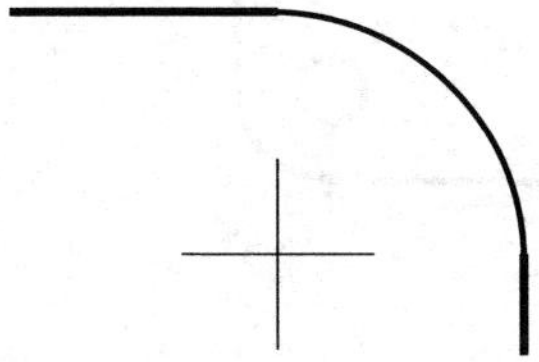

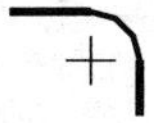

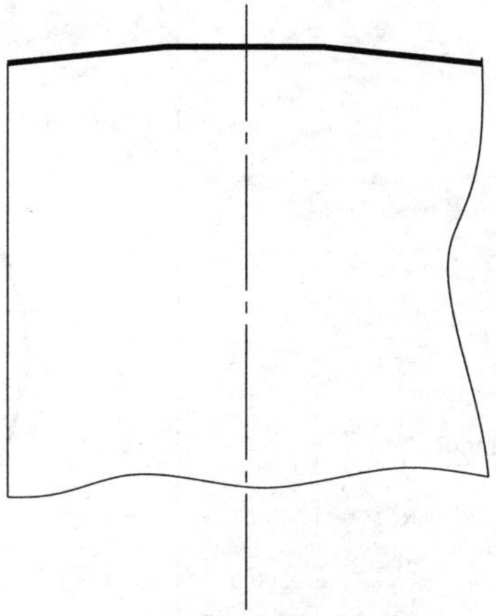

已知半径为80

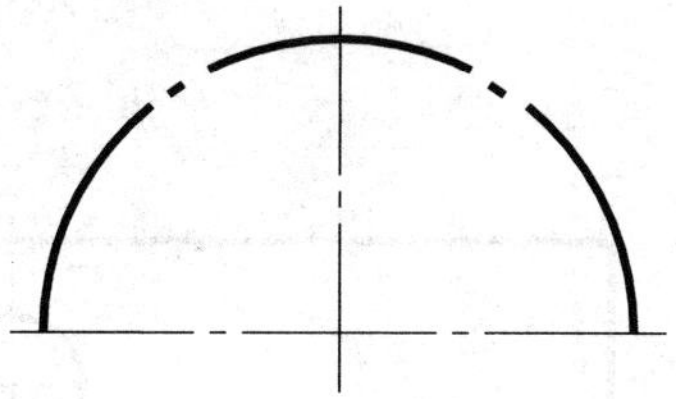

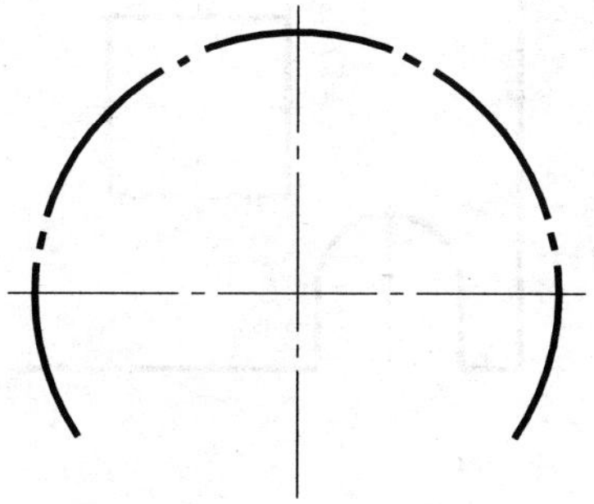

1-5 尺寸标注练习：修改并填注尺寸。

1. 圈出并用文字说明标注中的错误。

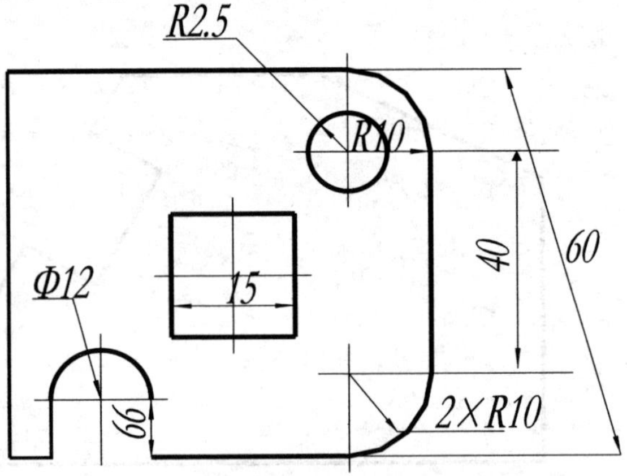

在下图补全上图缺少的尺寸并标注出正确完整的尺寸。

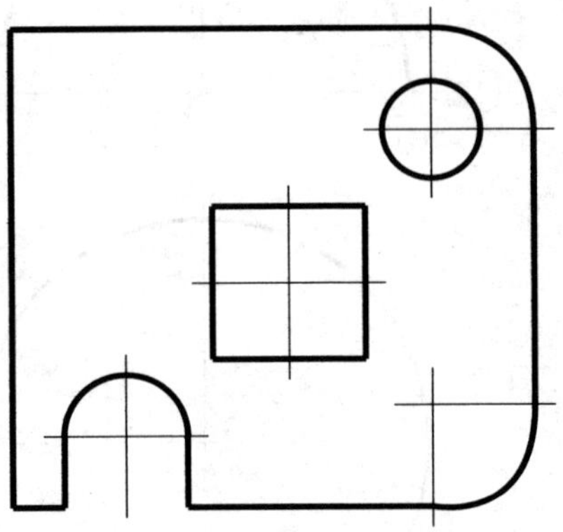

2. 用1:1比例标注平面图形(圆整尺寸）。

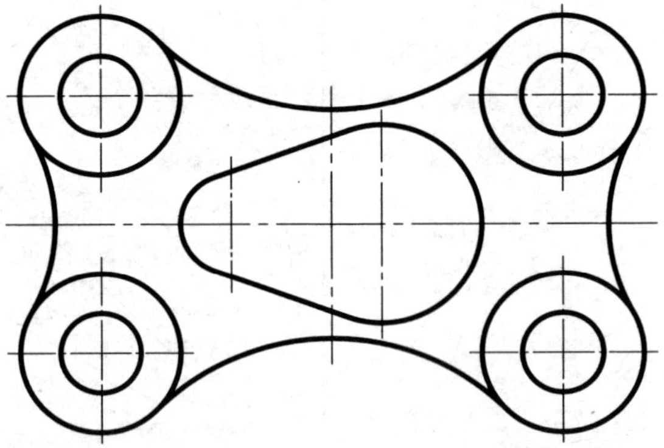

3. 用1:1比例标注平面图形(圆整尺寸）。

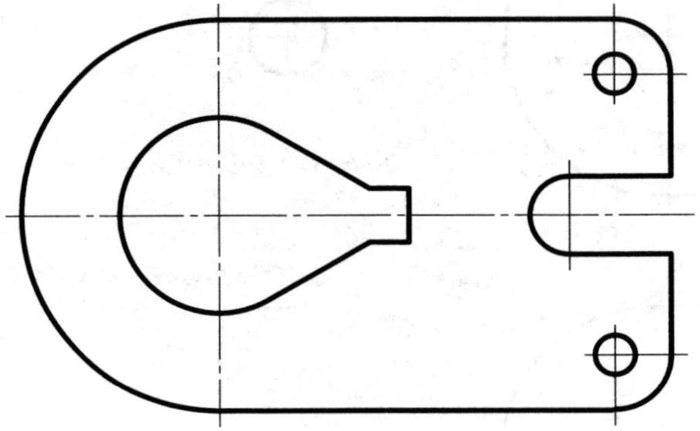

1–6　完成下列线段的连接（比例为1∶1)，标出连接弧圆心和切点。

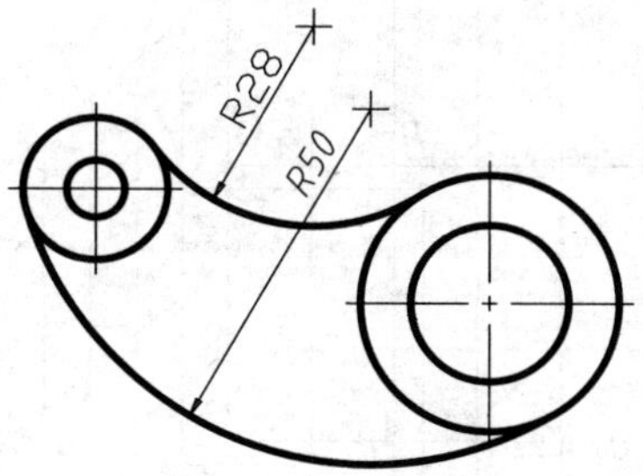

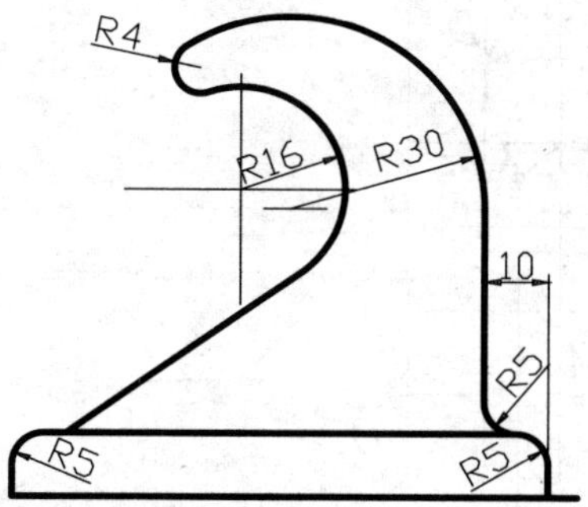

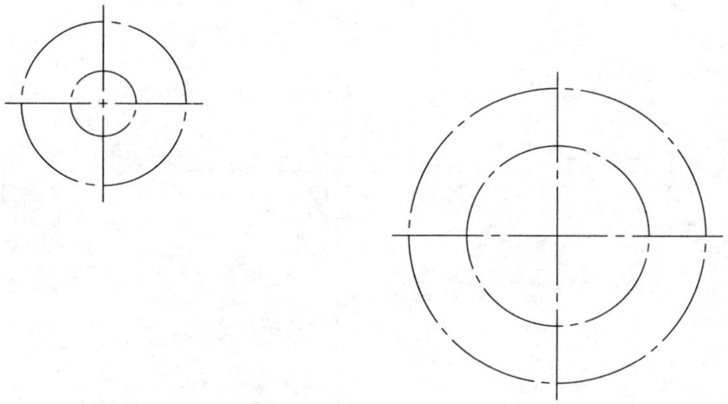

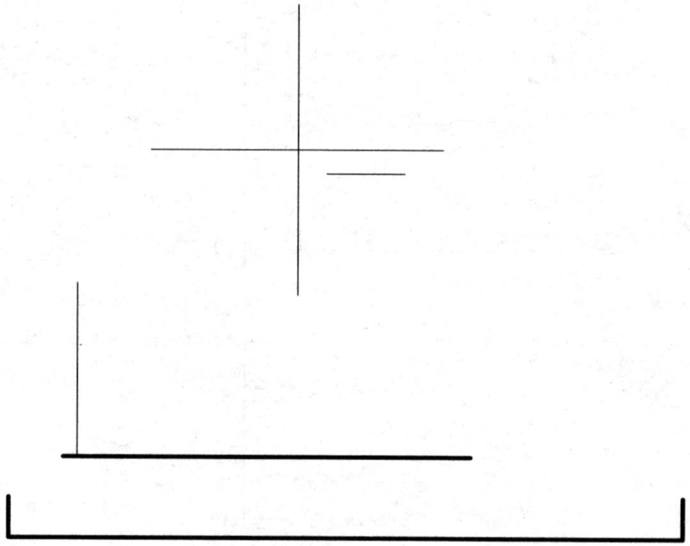

2-1　依照立体图中点的位置，作各点的两面投影。

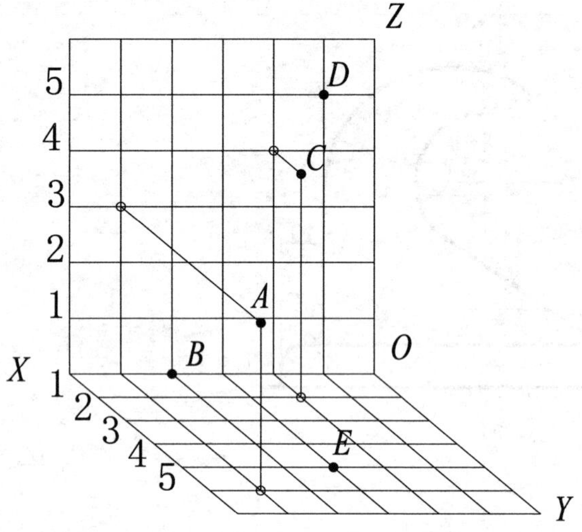

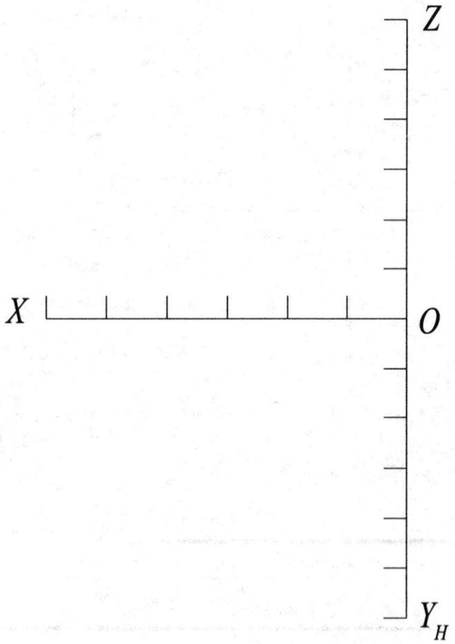

2-2　依照立体图中点的位置，作各点的三面投影。

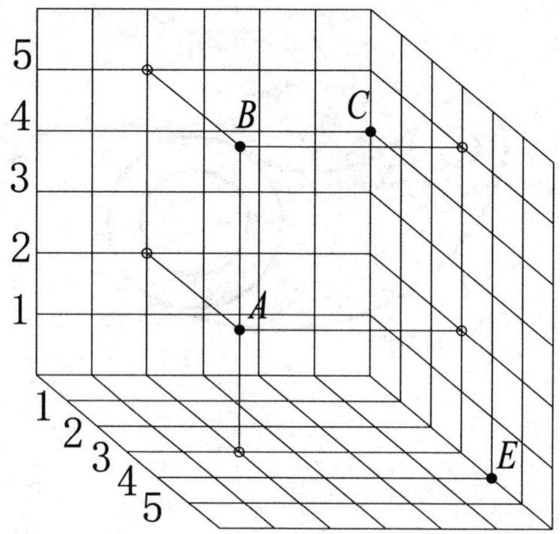

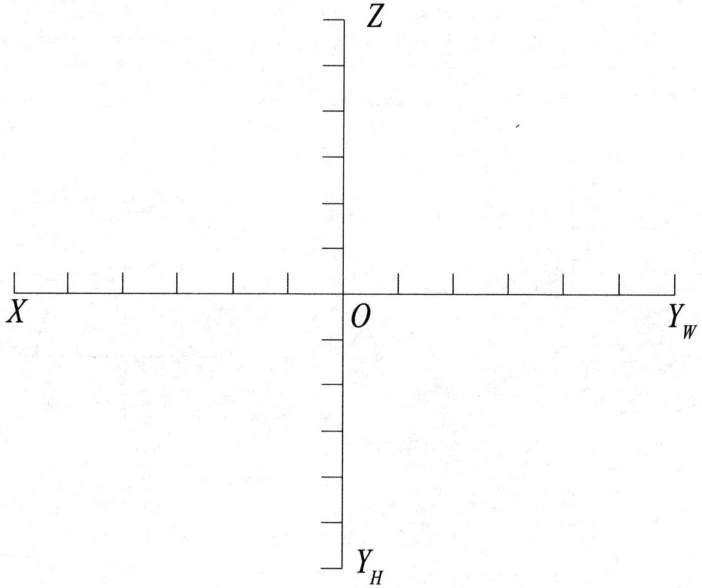

2-3 已知点A在V面之前24，点B在H面之上18，点C在H面上，点D在V面上，点E在投影轴上，补全各点的投影。

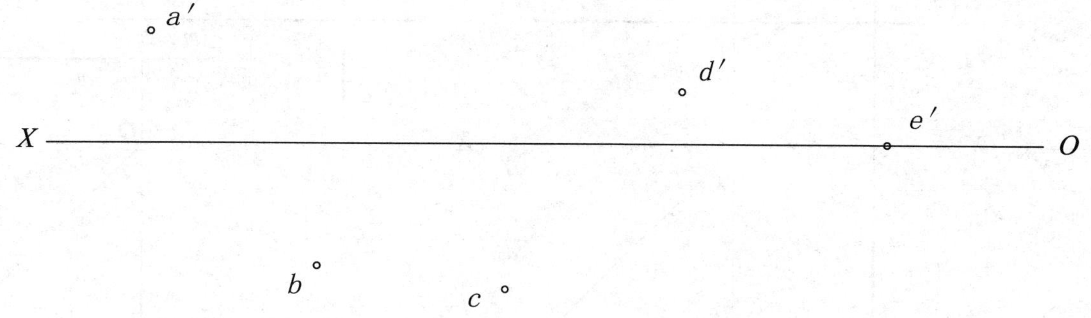

2-4 补全各点的三面投影。

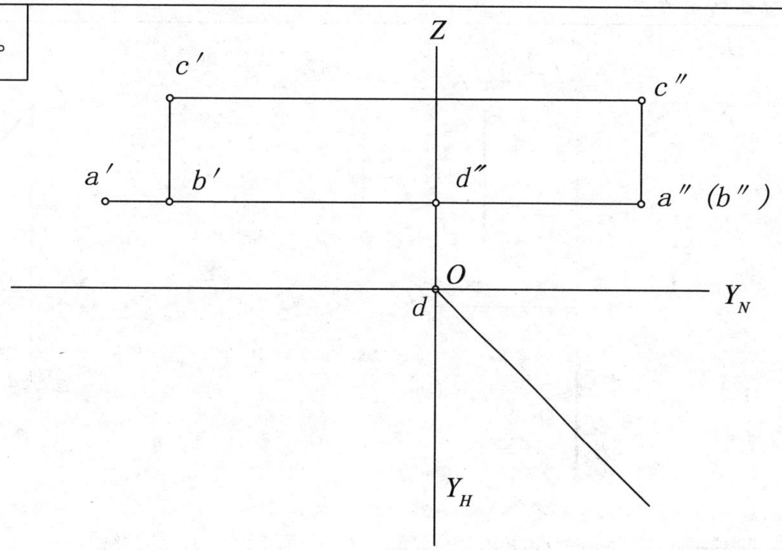

2-5　补全直线的三面投影，并写出直线的类型和两直线的关系。

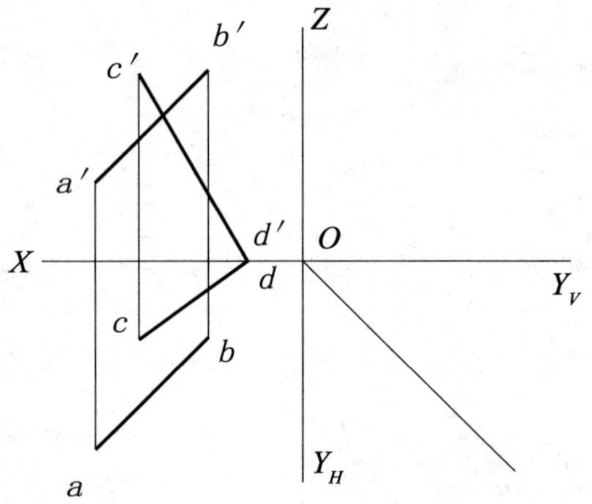

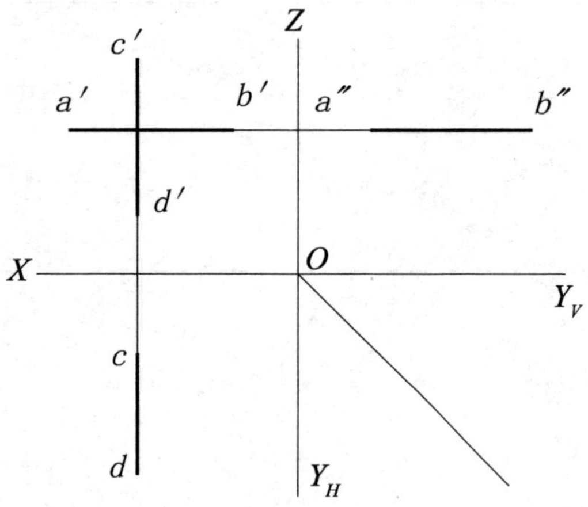

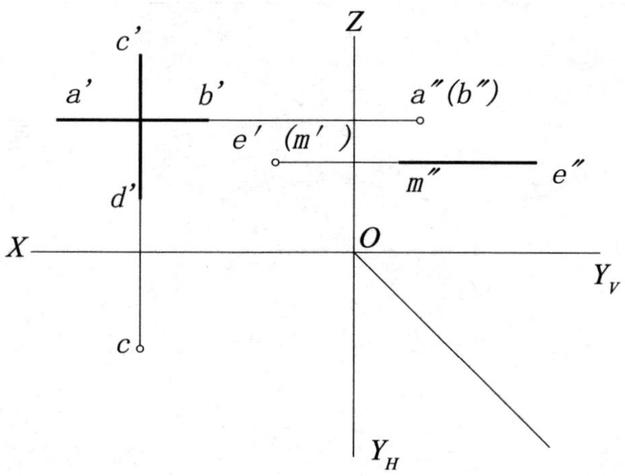

*AB*直线是:______ *CD*是:______ *AB*和*CD*:______　*AB*直线是:______ *CD*是:______ *AB*和*CD*:______　*AB*直线是:______ *CD*是:______ *EM*是:______ *AB*和*EM*:______

2-6　判断下列直线对投影面的相对位置，并填写名称。

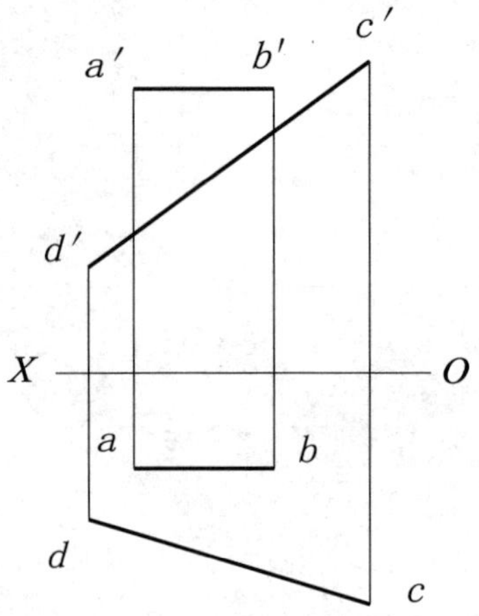

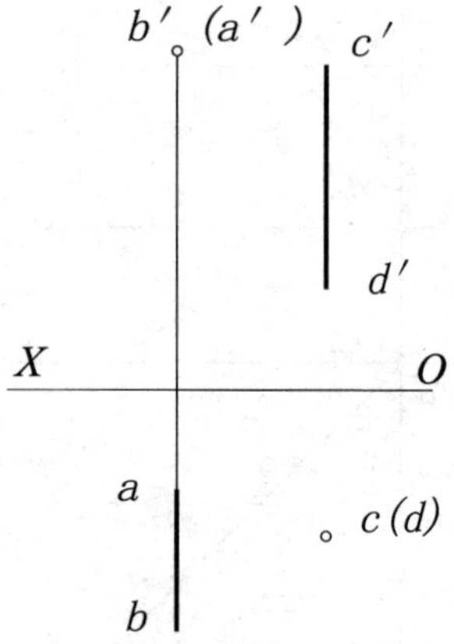

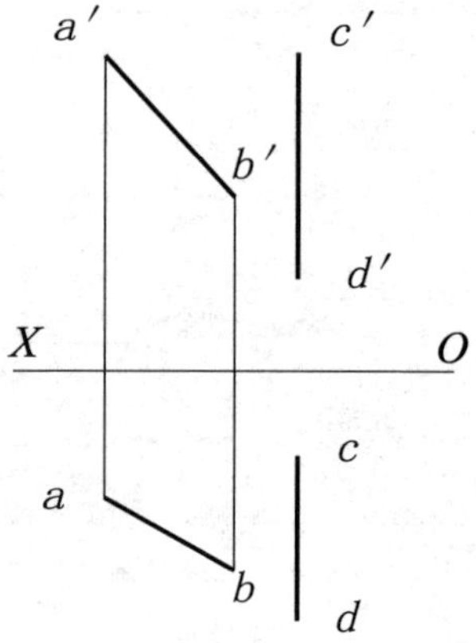

*AB*是投影面的:______ *CD*是投影面的:______　*AB* 是投影面的:______ *CD*是投影面的:______　*AB*是投影面的:______ *CD*是投影面的:______

2-7　注出AB和CD两交叉直线重影点的投影。

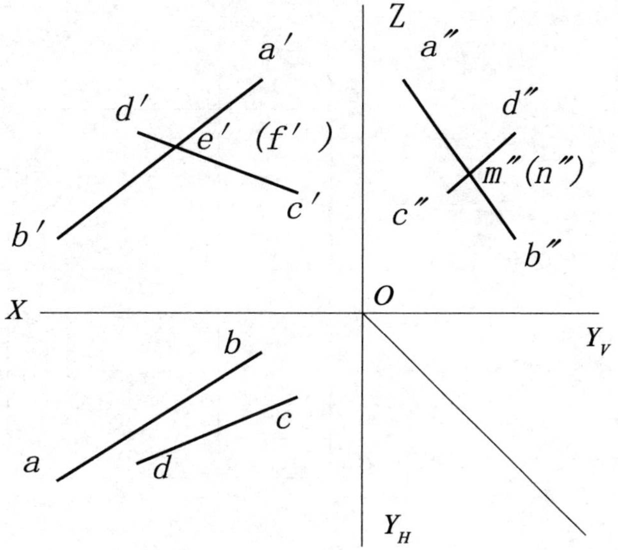

2-8　用直角三角形法求AB的实长及α、β。

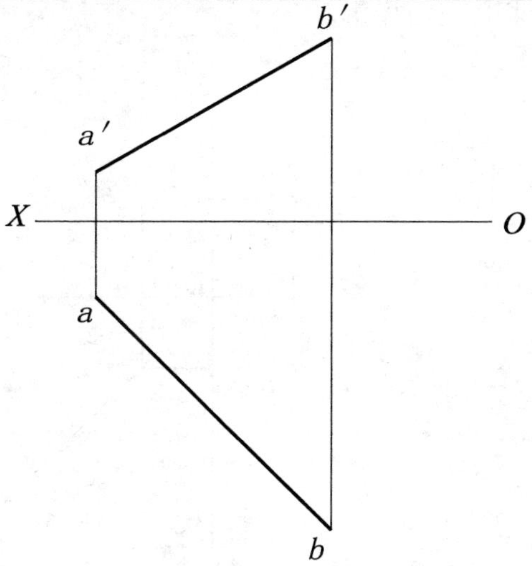

2-9　注出AB和CD两交叉直线重影点的投影，并注出EF和MN、PQ的位置关系。

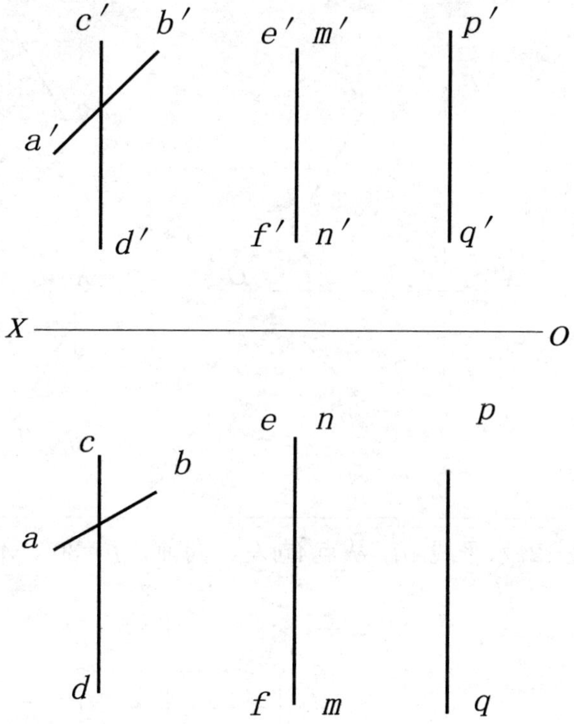

AB和CD:______ EF和MN: ______EF和PQ:______

班级：________学号：________姓名：________

2-10 作直线的两面投影。

1.AB与PQ平行，且与PQ同向等长。

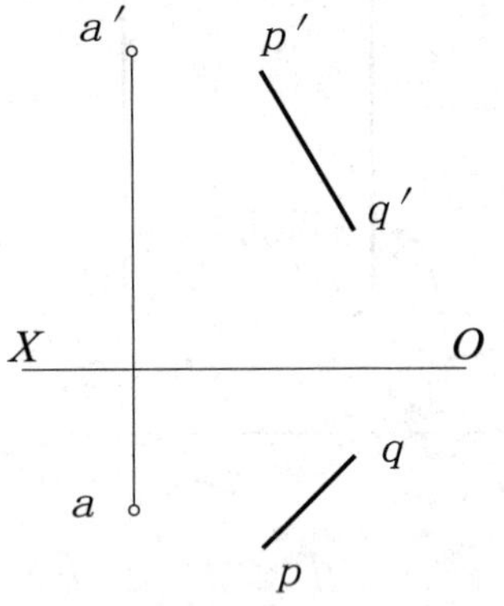

2.AB与PQ平行，且分别与EF、GH交于A、B。

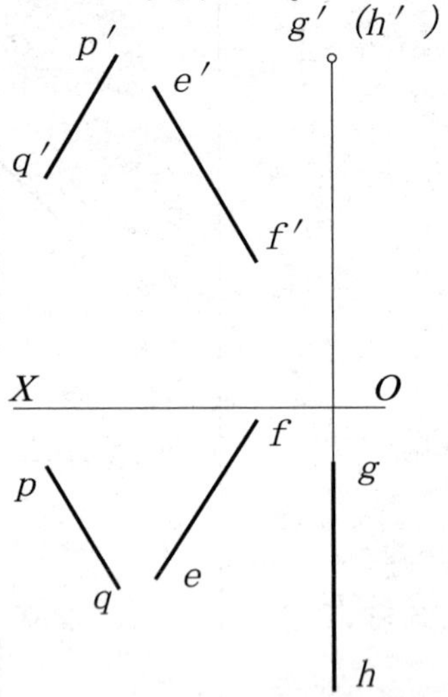

2-11 正垂线CD，D在C点后，CD=12，作其三面投影。

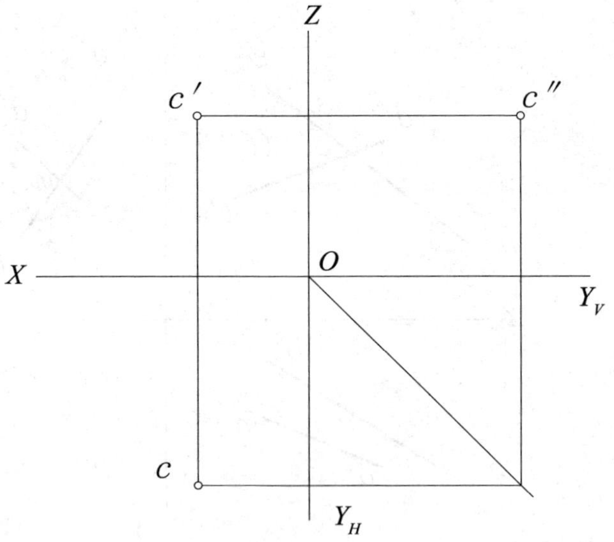

2-12 水平线AB，从点A向左、向前，β=30°，AB=15，作其三面投影。

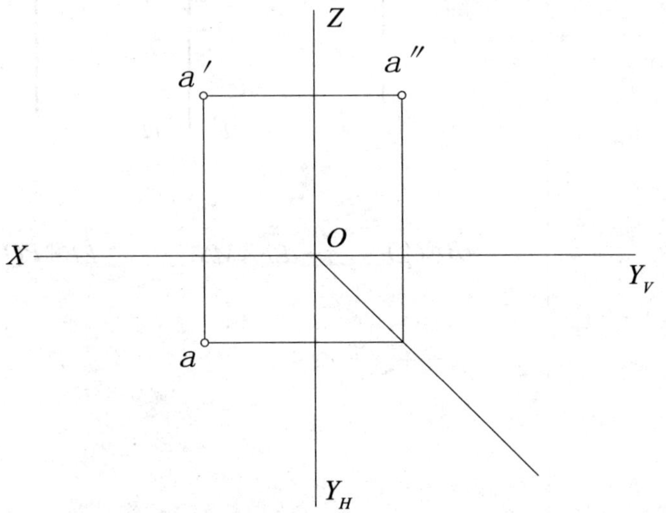

2-13 过点A作直线AB//V面、α=30° AB=20；AC//H面、β=45°，AC=16，求其三面投影。

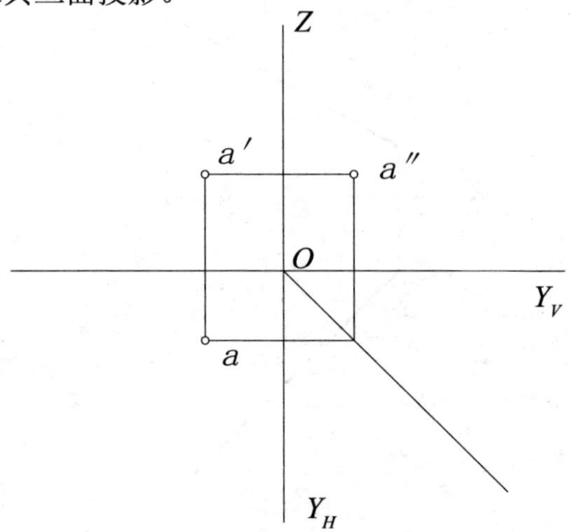

2-14　判断空间平面的相对位置。

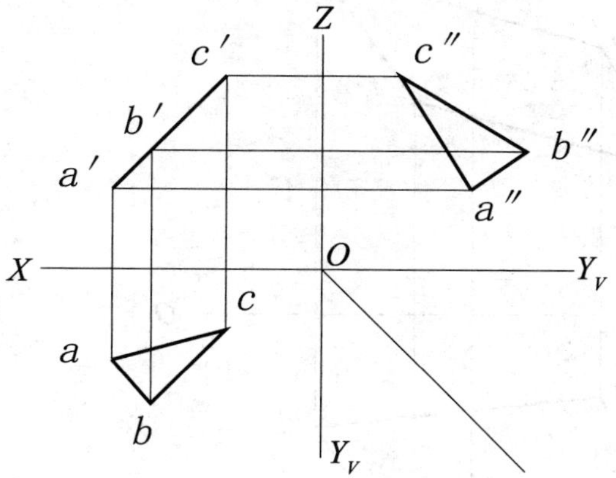

该平面是________平面。

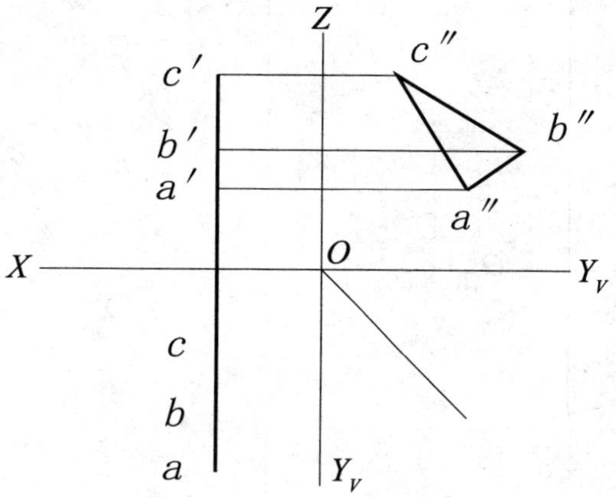

该平面是________平面。

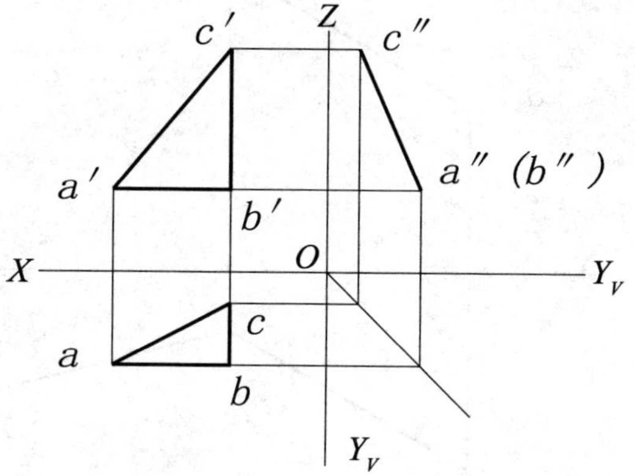

该平面是________平面。

2-15 对照立体图，在三面投影中标出直线 *AB*、*CD* 和平面 *P*、*Q* 的投影。

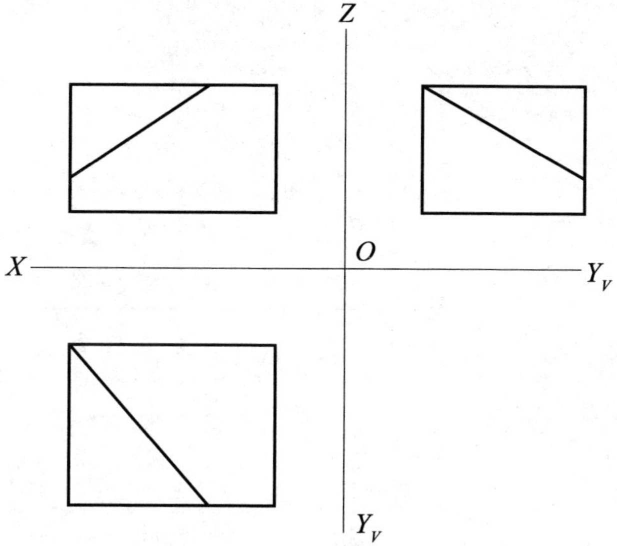

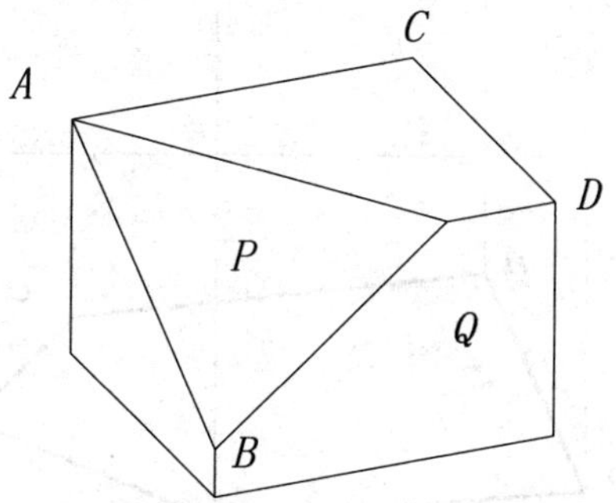

2-16　完成平行四边形*ABCD*的投影。

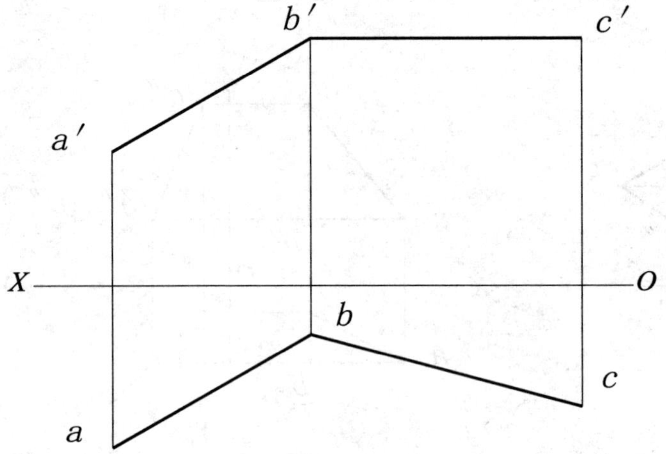

2-17　判断点*E*是否在平面*ABCD*上。

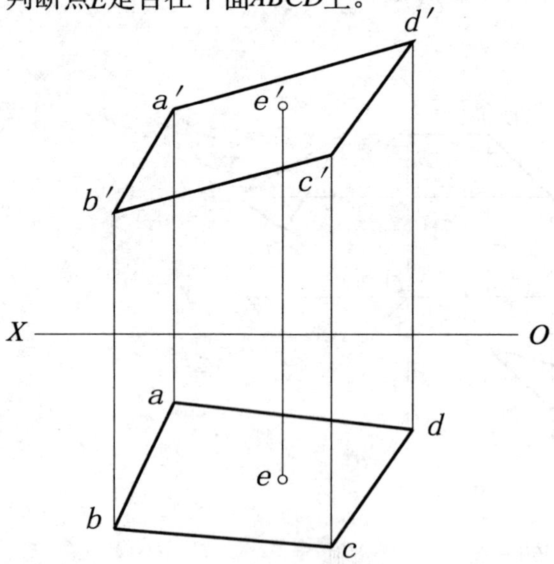

2-18 完成平面五边形*ABCDE*的投影。

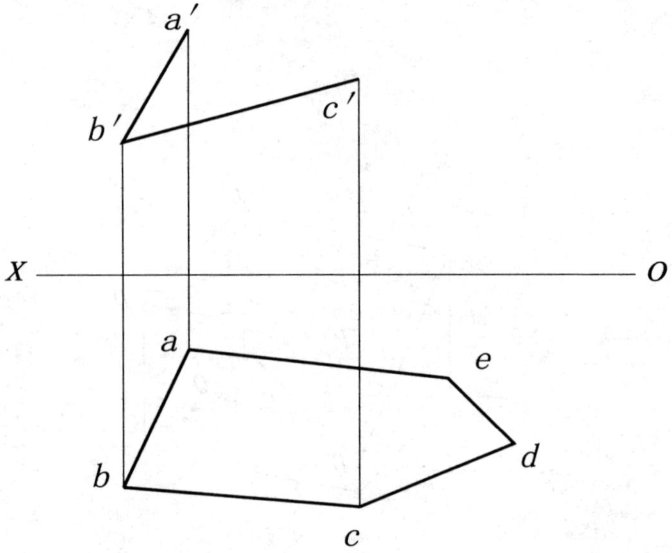

2-19　判断点*A*、*B*、*C*、*D*是否同面。

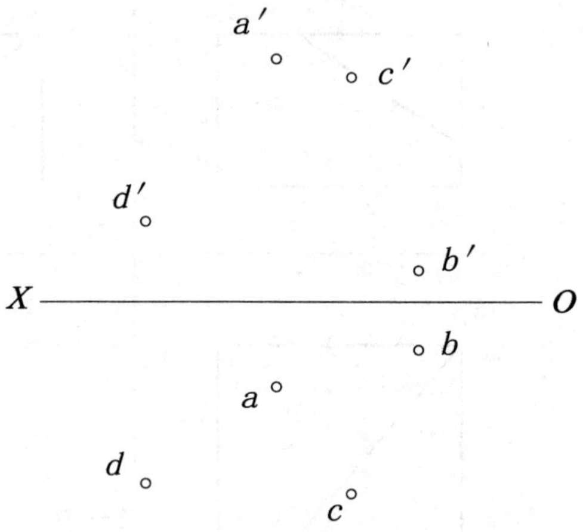

四点 ______ 同一平面上。

2-20　作ABC平面上的图形EFG的水平投影。

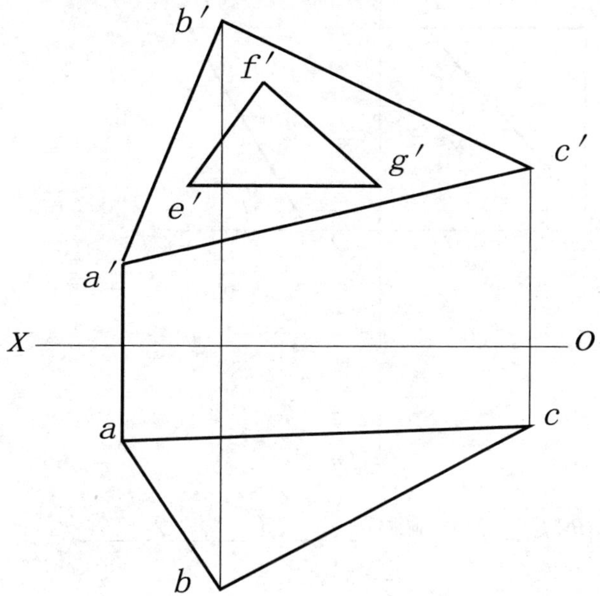

2-21　判断直线DE是否平行于平面ABC。

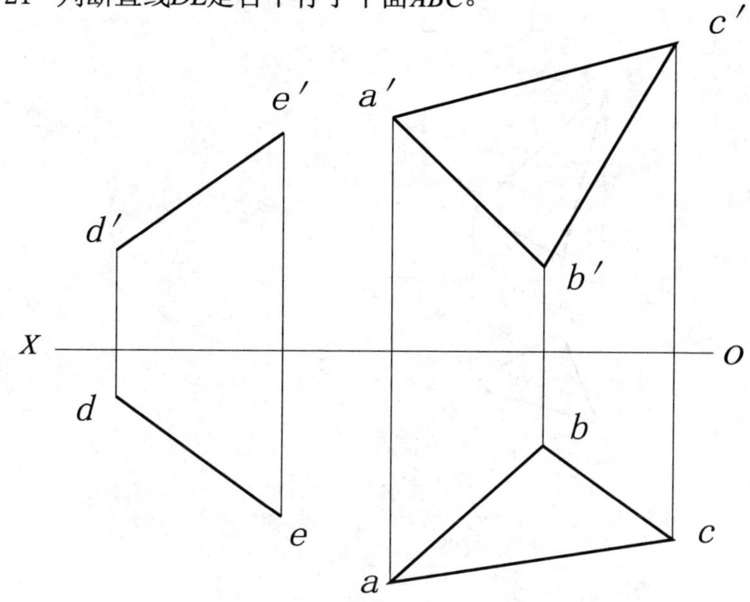

2-22　补全平面图形的投影。

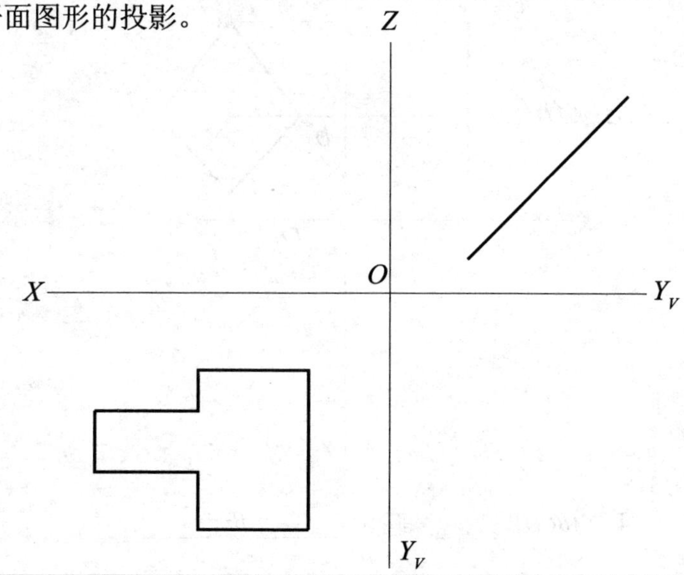

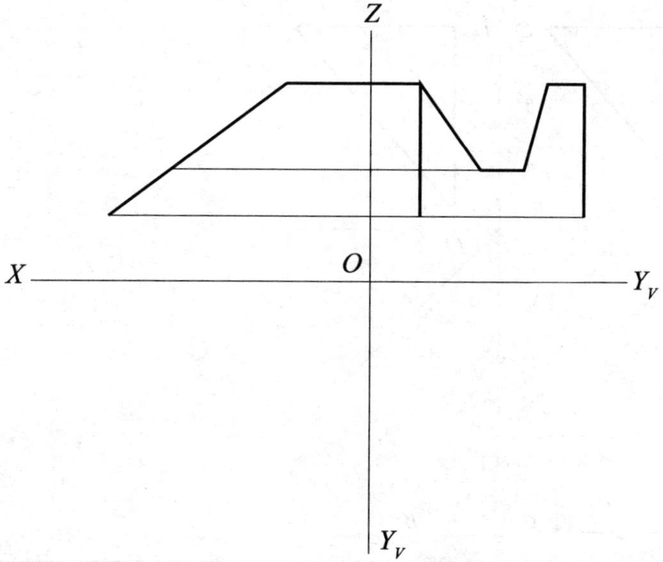

2-23　补全平面的三面投影，并填空。

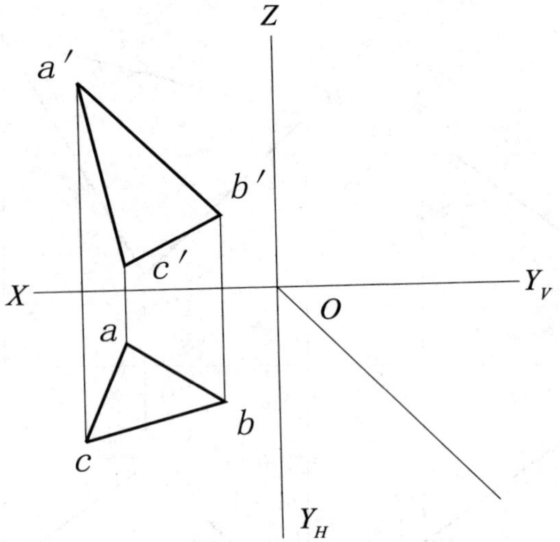

1. ΔABC是______面。

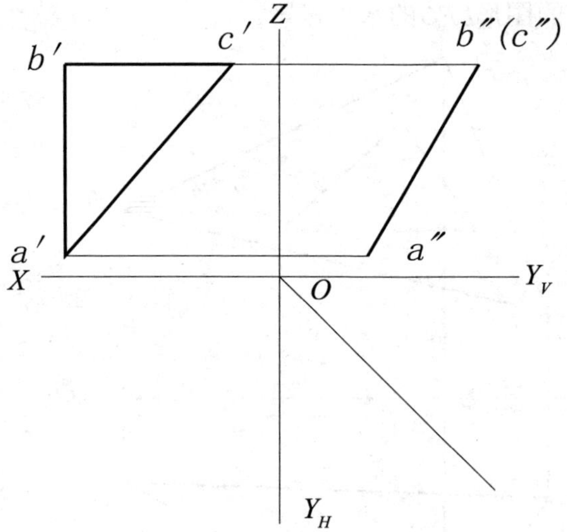

2. ΔABC是________面；α=______β=______γ=______。

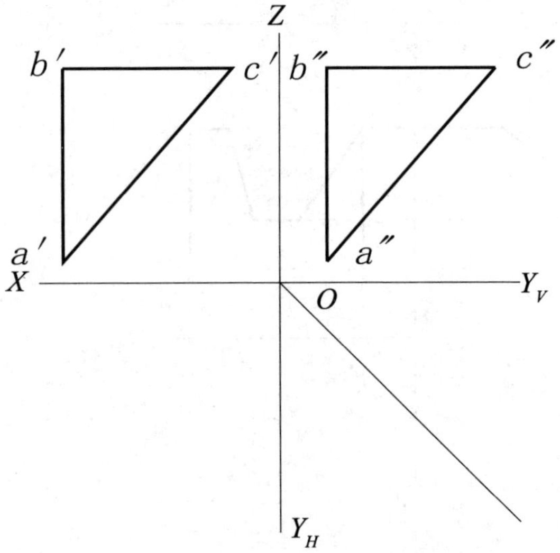

3. ΔABC是________面；α=________β=______γ=______。

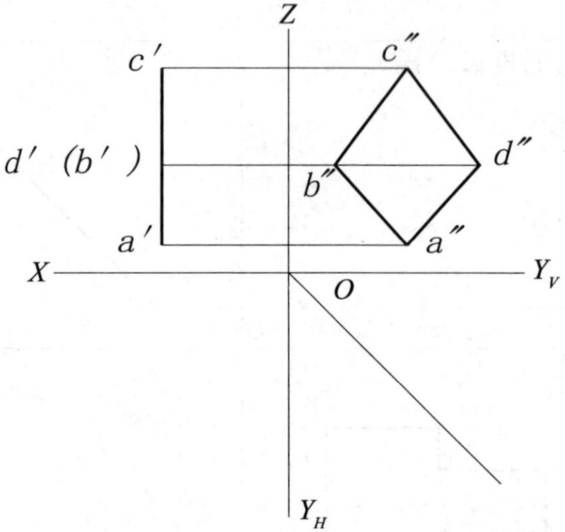

4. □ABCD是________面；α=________β=______γ=______。

2-24　用迹线法表示下列平面：过直线*BC*正垂面*P*，过点*D*的侧平面*Q*，过点*E*的正平面*R*，过直线*FG*的水平面*M*。

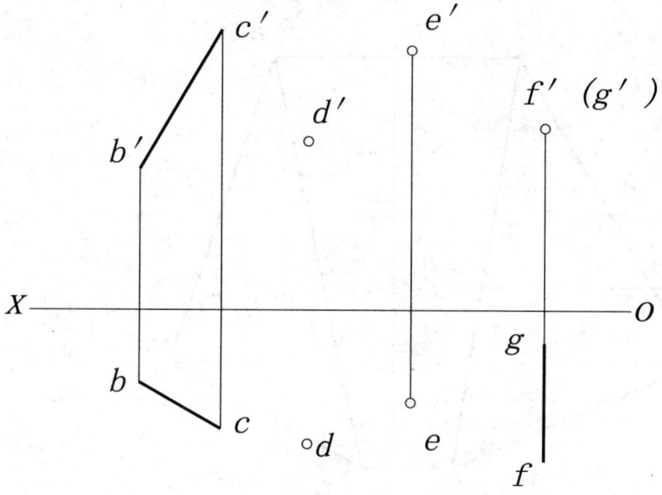

2-25 用四心法作位于正平面的椭圆。

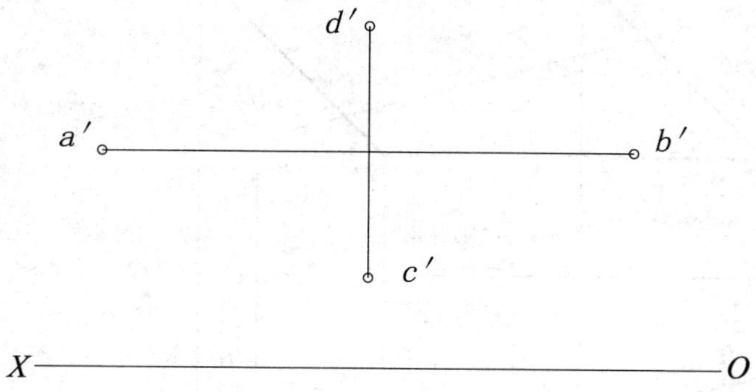

2-26 1. 已知处于正垂面位置的正方形*ABCD*左下边*AB*，α=60°，补全其两面投影。

2. 已知处于正平面位置的等边三角形的上方的顶点*E*，下方的边为侧垂线，边长为18，做出其两面投影。

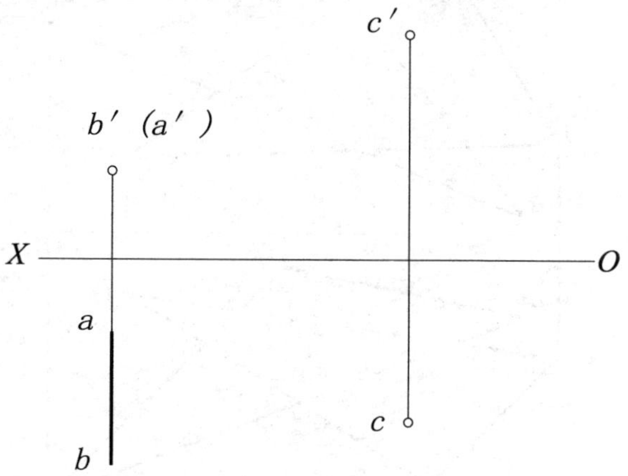

2-27 作圆心*A*位于铅垂面的圆的两面投影（四心法）。

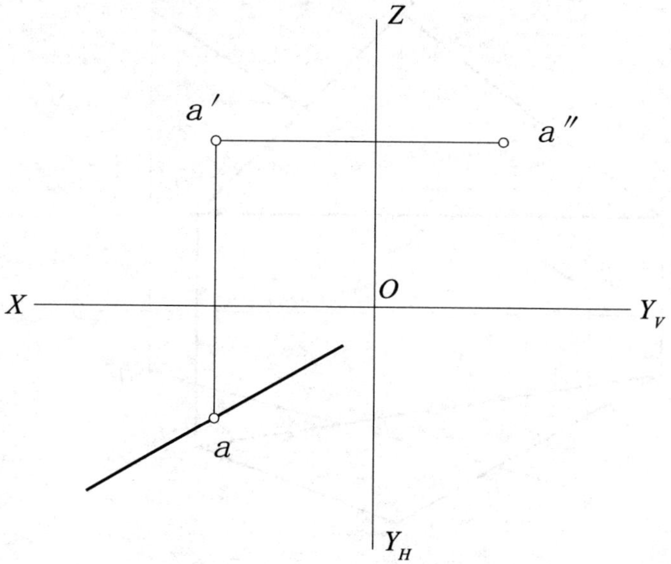

2-28　求直线与平面的交点，并判断其可见性。

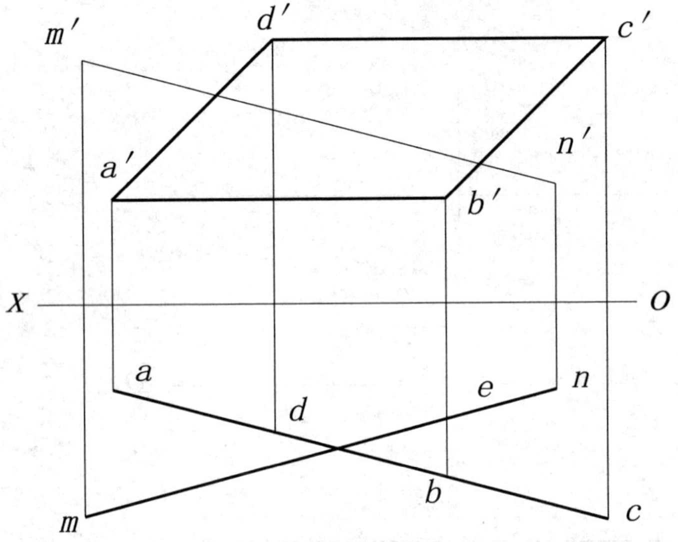

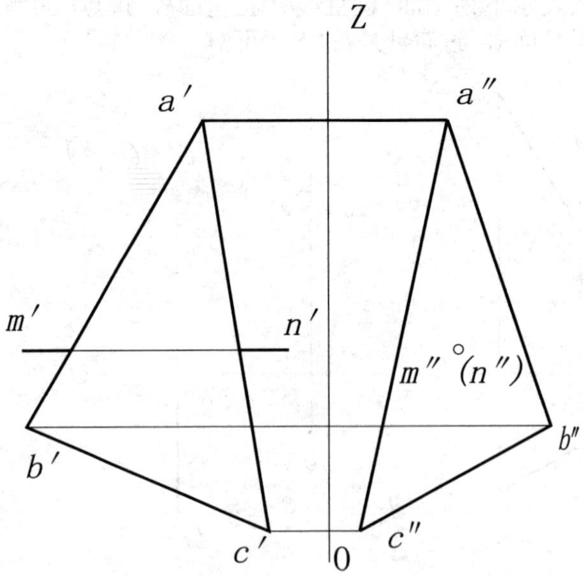

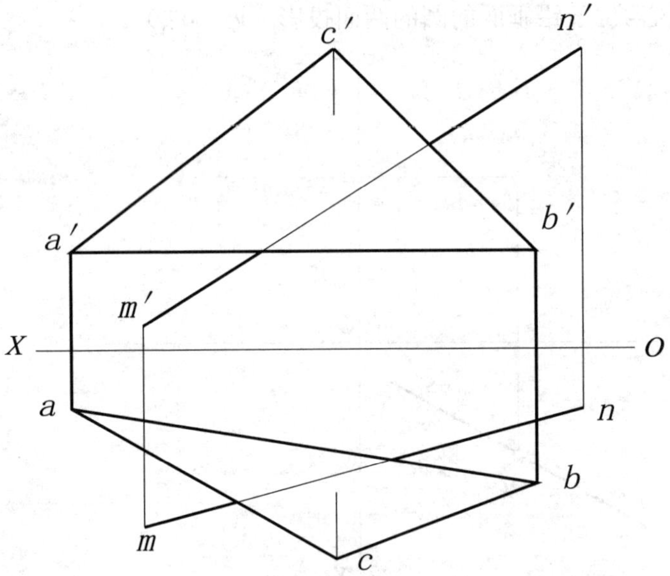

2-29　求平面与平面的交线，并判断其可见性。

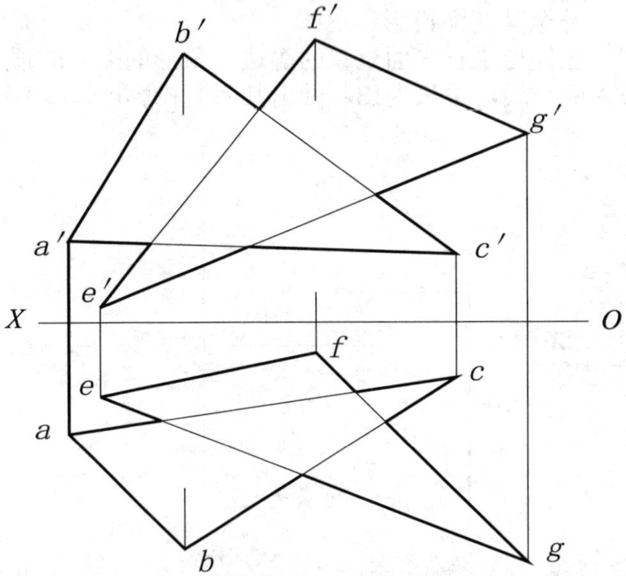

3-1 补画三棱锥的左视图，并补全表面点的投影。

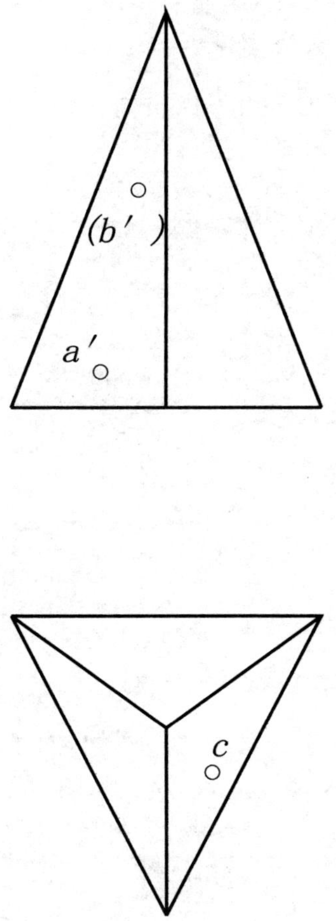

3-2 补全圆柱表面点的投影。

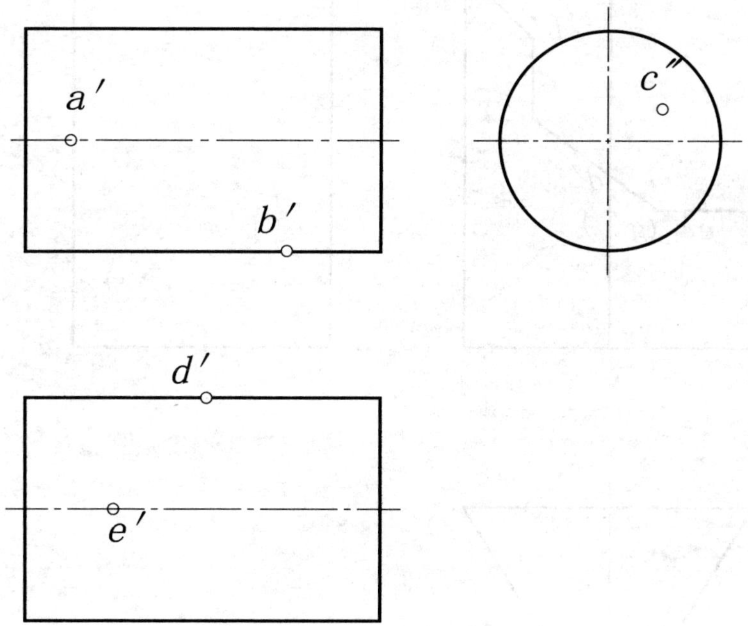

3-3 补全三棱柱表面上的折线*ABCDEFG*的投影。

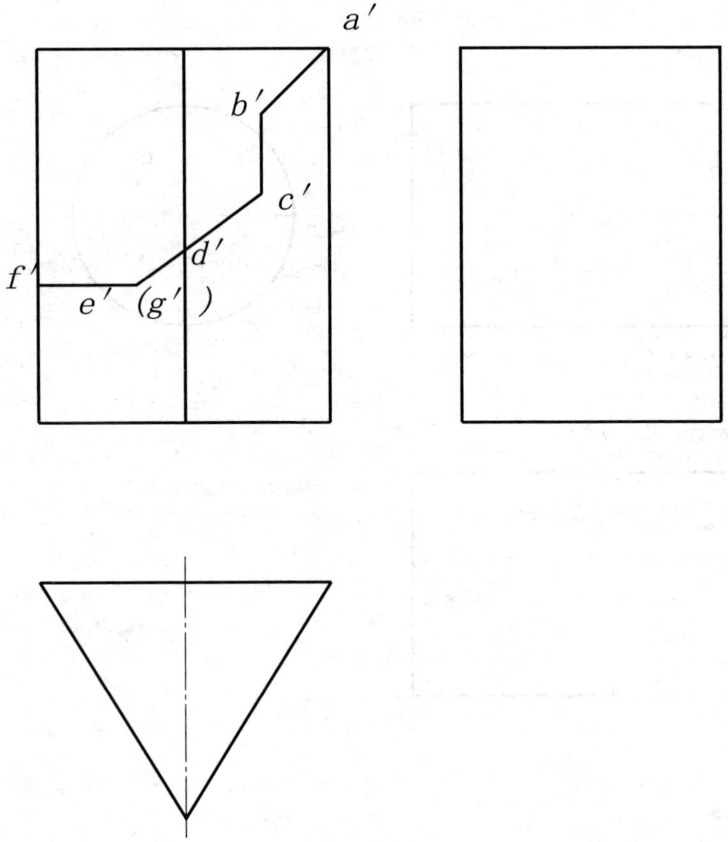

3-4　补画三棱锥的左视图，并补全表面线的投影。

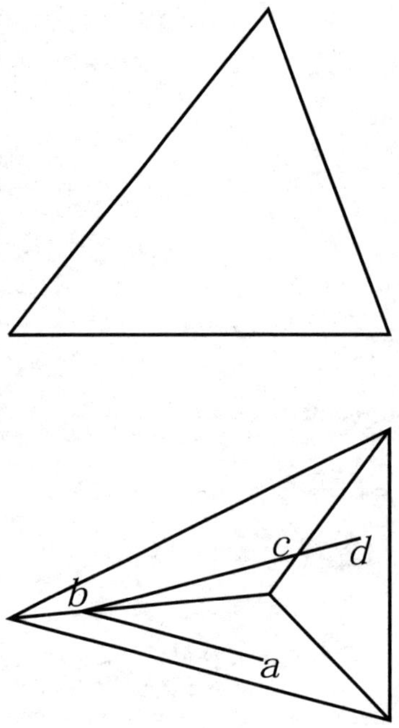

3-5 作圆柱表面连续曲线*ABC*水平面投影和侧面投影。

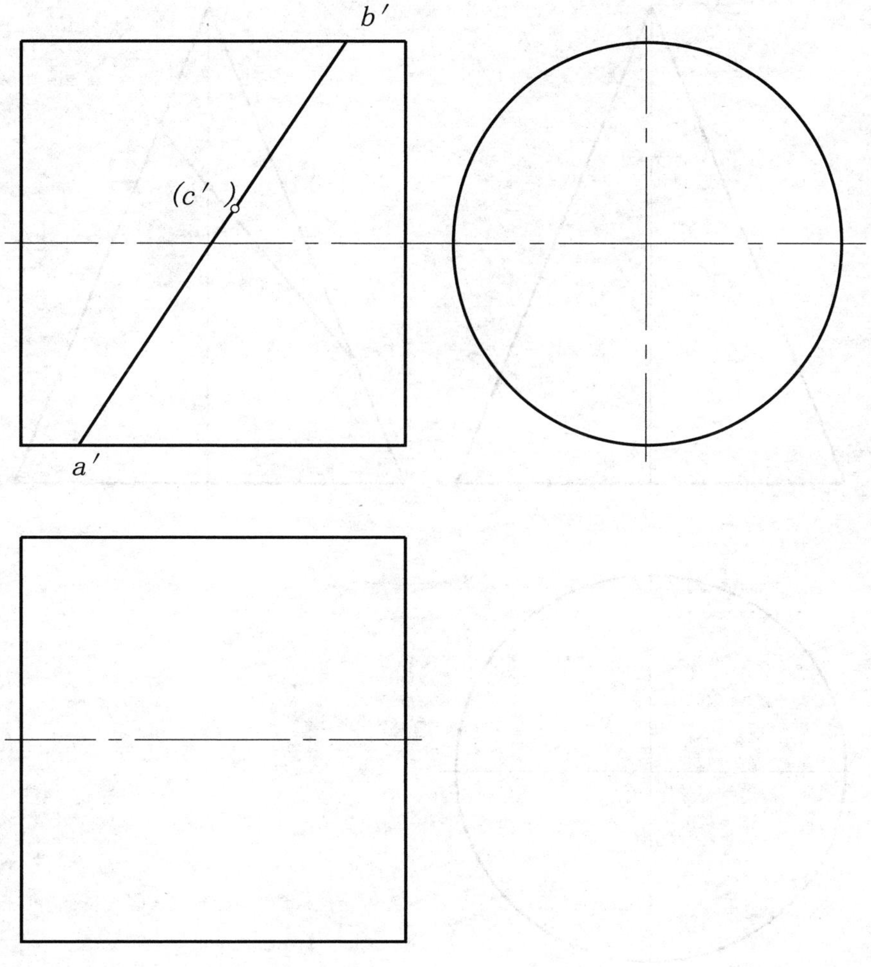

3-6 作圆柱表面素线*AB*、*FG*，曲线*BC*、*EF*，圆弧*CDE*的侧面和正面投影。

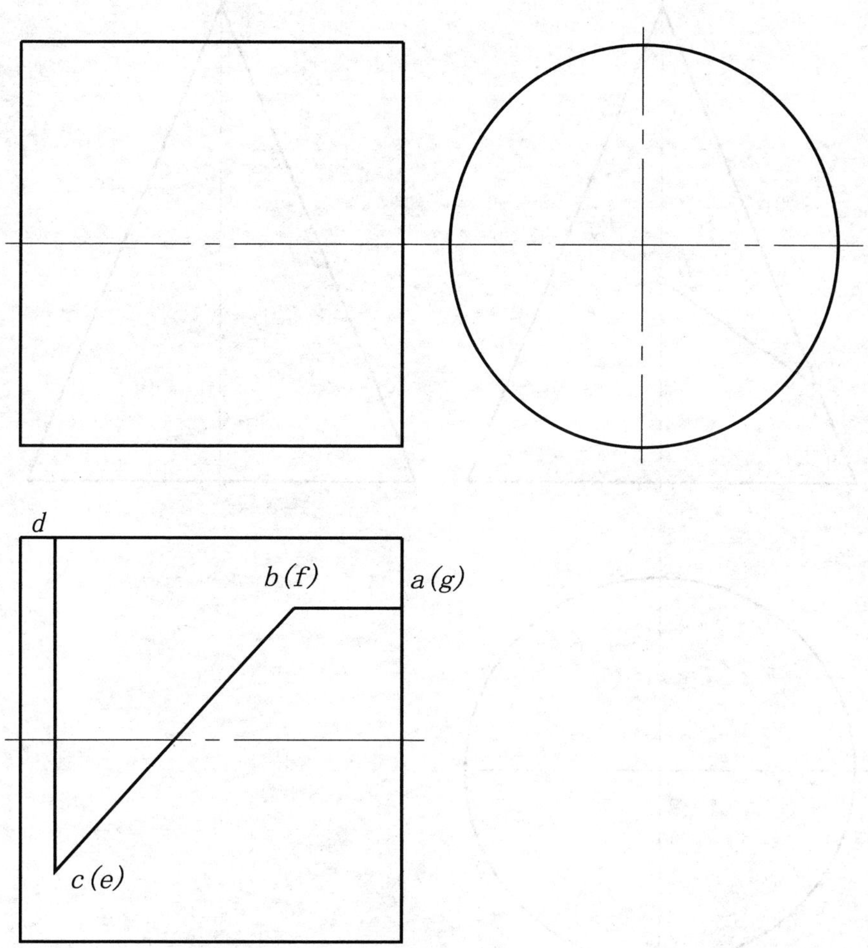

3-7 用表面取点法作圆锥表面连续曲线*ABC*水平面投影和侧面投影。

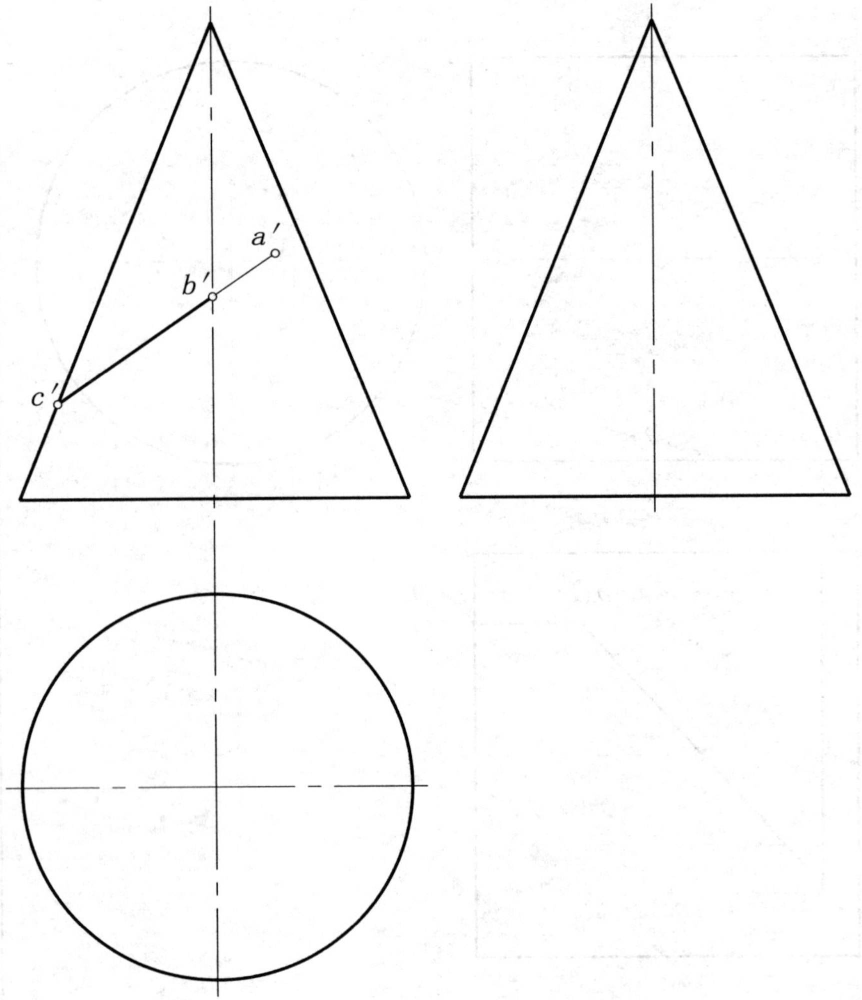

3-8 用辅助平面法作圆锥表面连续曲线*ABC*水平面投影和正面投影。

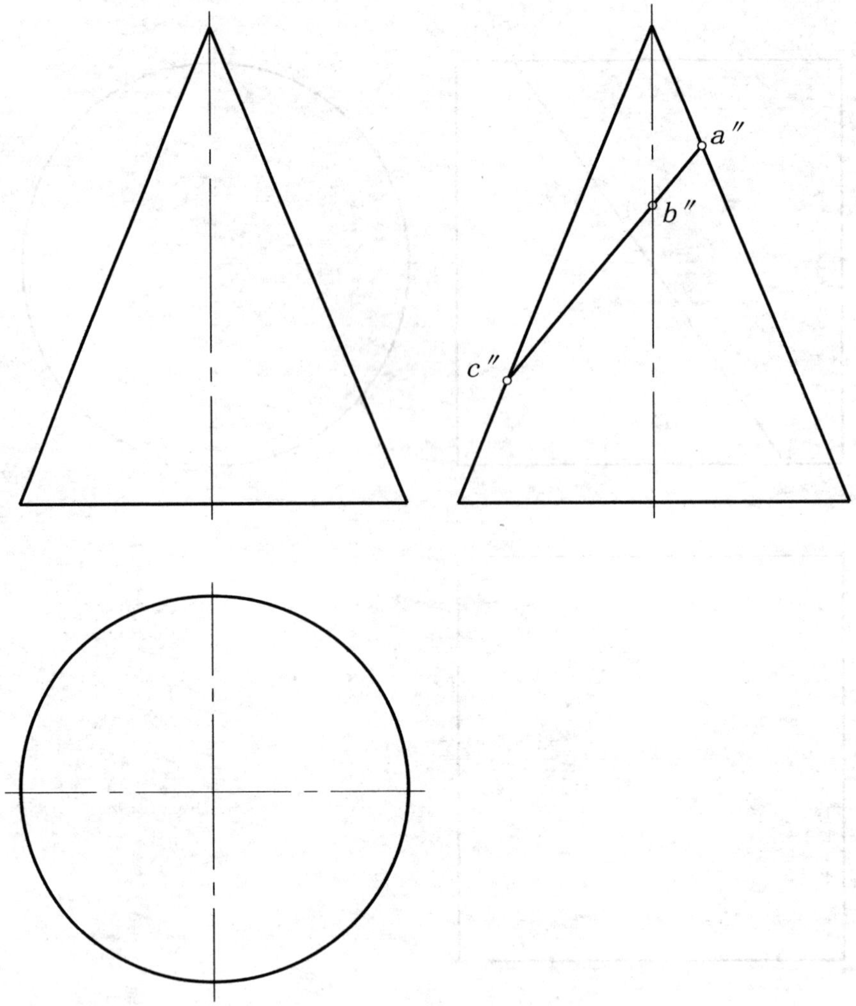

班级：________学号：________姓名：________

3-9 补全圆锥的水平投影及其表面线的另两面投影。

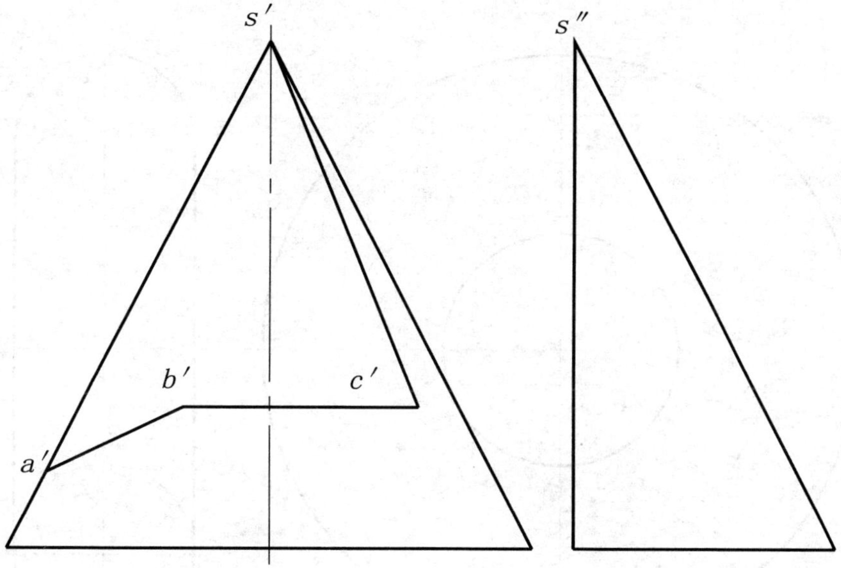

3-10 作圆球表面曲线的另两面投影。

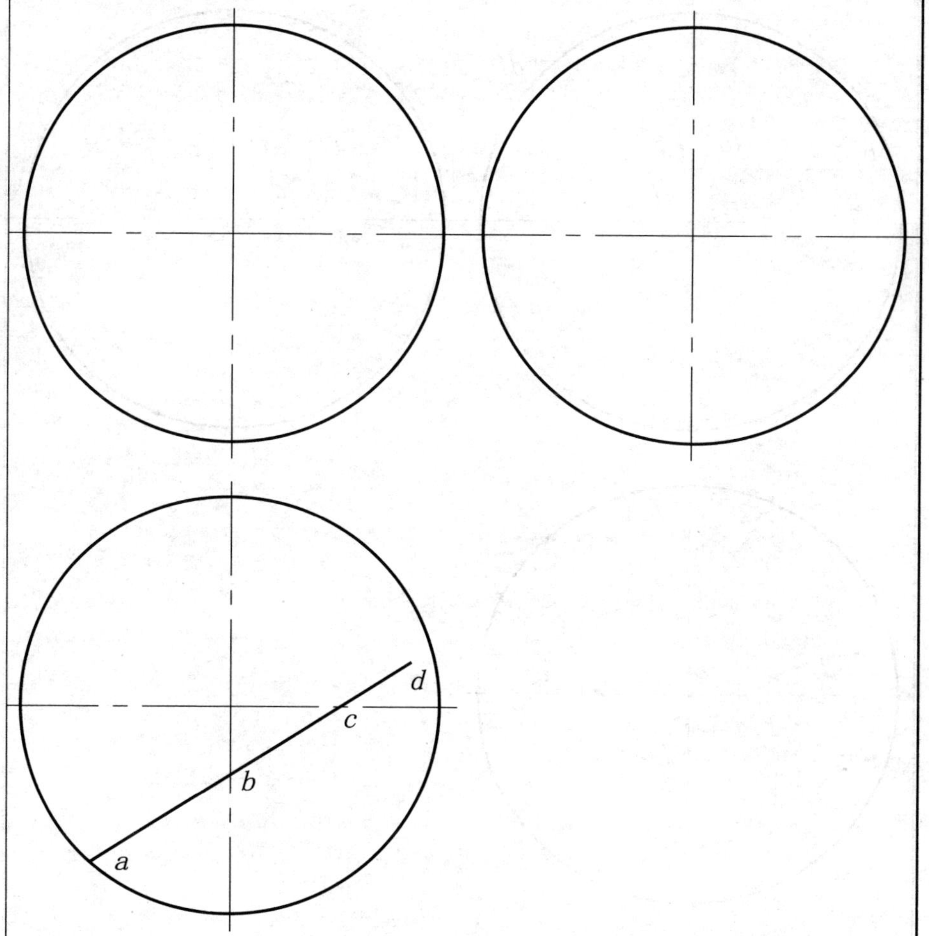

3-11 作球表面上曲线*ABC*、*CD*、*DE*、*EF*的另两面投影。

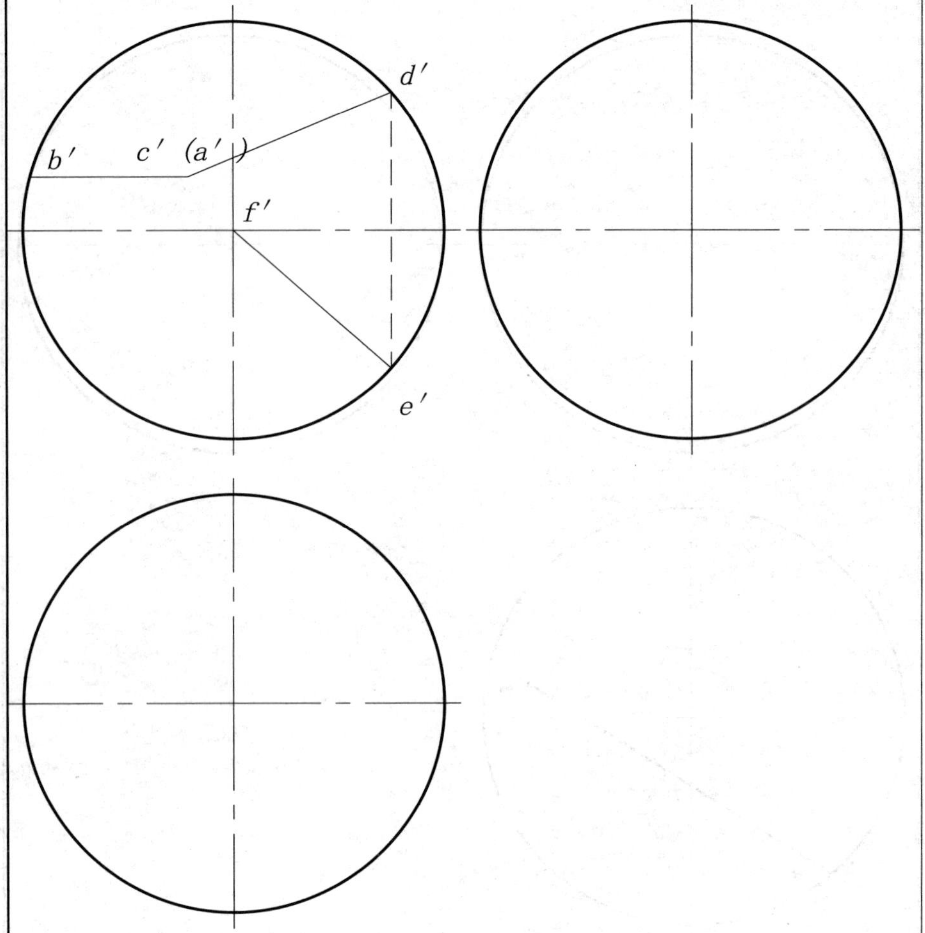

3-12 作出环面上各点的另两面投影。

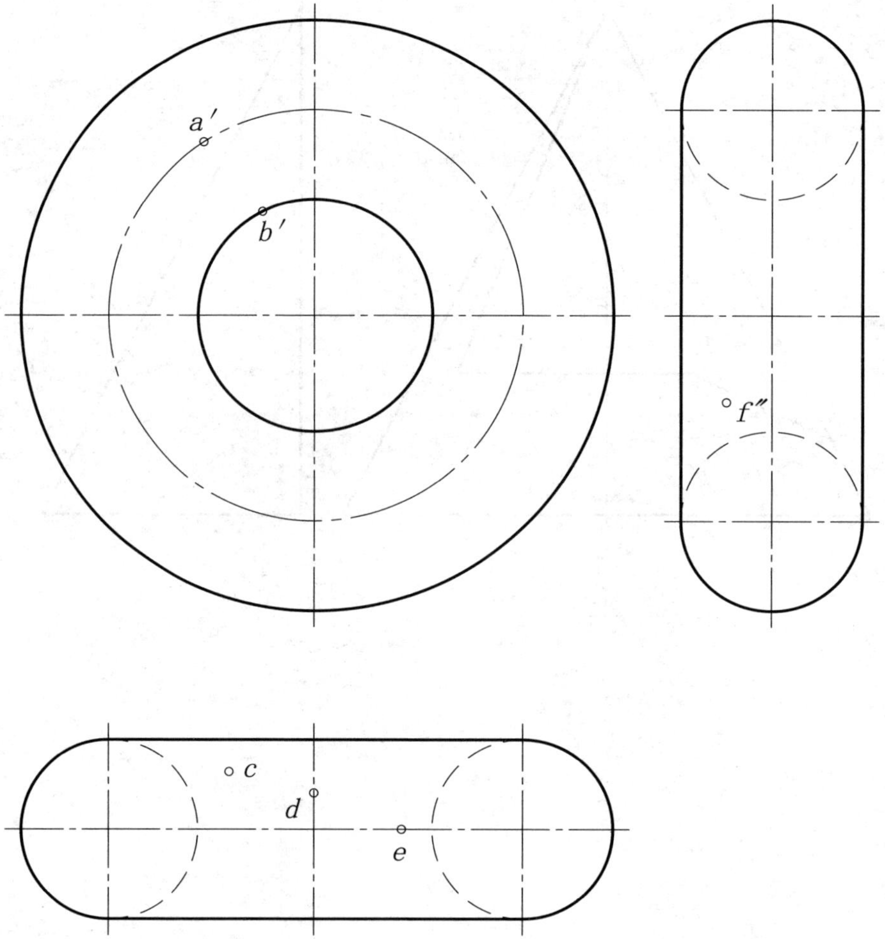

3-13 补全楔形块切割后的侧面投影和水平投影。

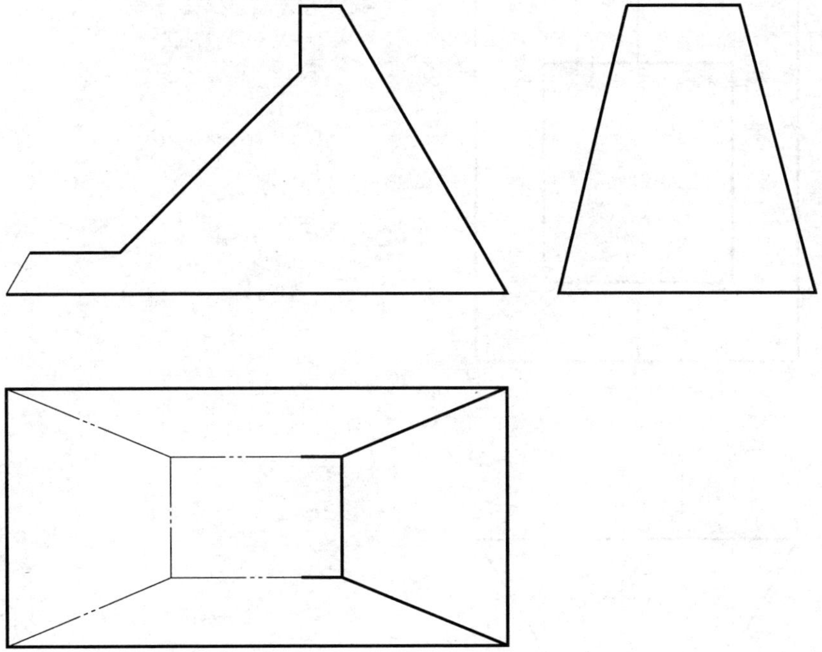

3-14 作具有正方形通孔的六棱柱被正垂面截切后的侧面投影。

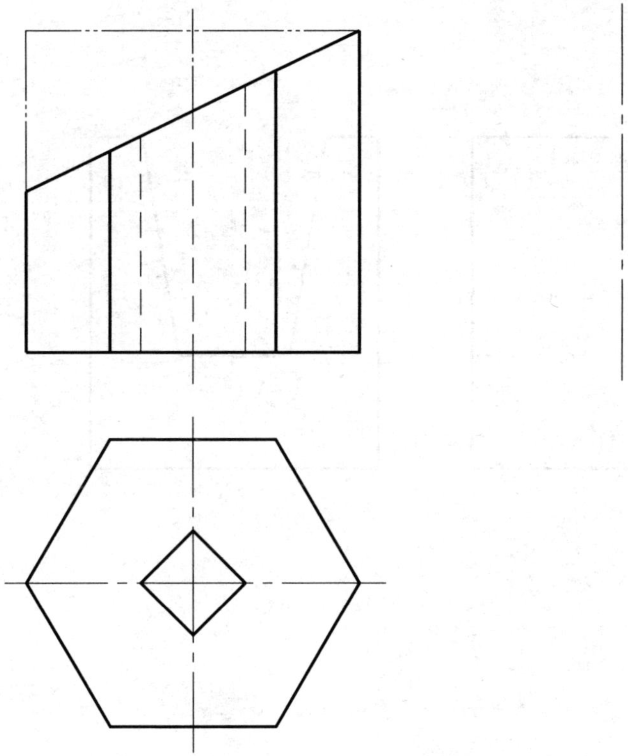

3-15 作具有侧垂通槽的四棱柱左端被正垂面截切后的水平投影。

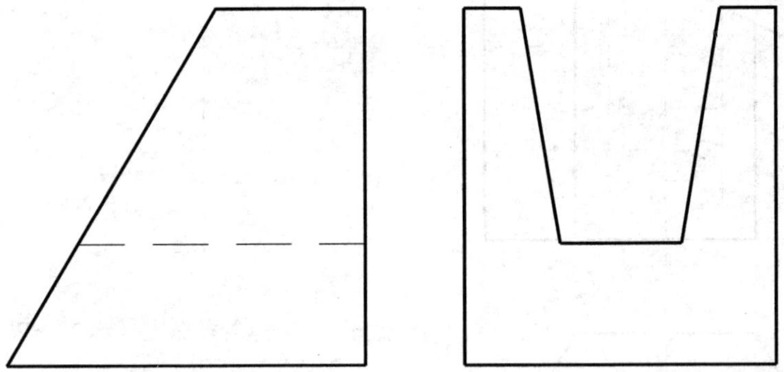

3-16 作具有正垂的矩形穿孔的三棱柱的侧面投影。

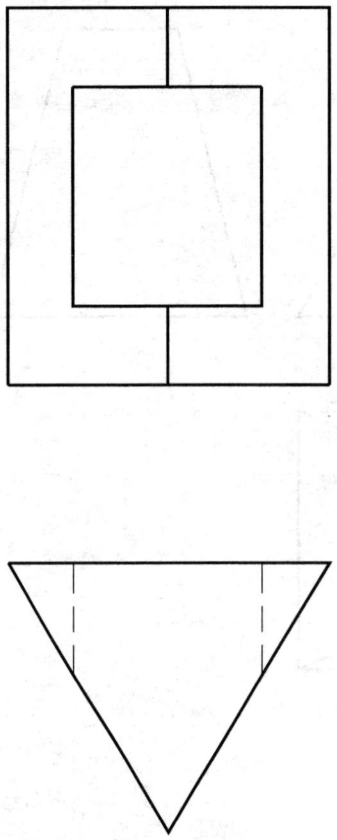

3-17　作出被两个侧平面、一个水平面切割后的球体的侧面投影。

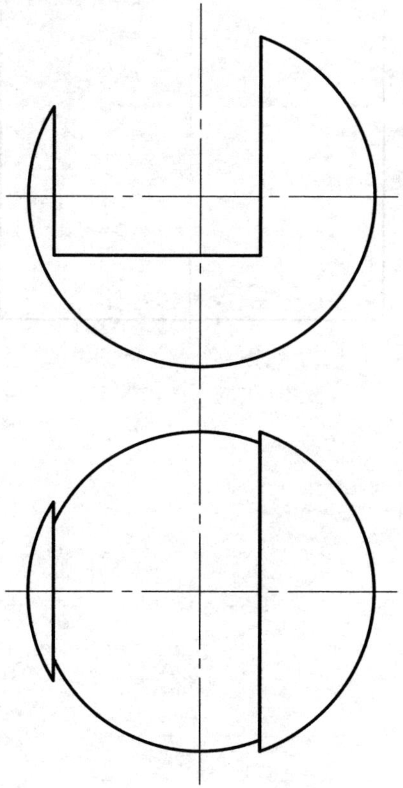

3-18　补全被水平面切割后的组合物体的水平投影。

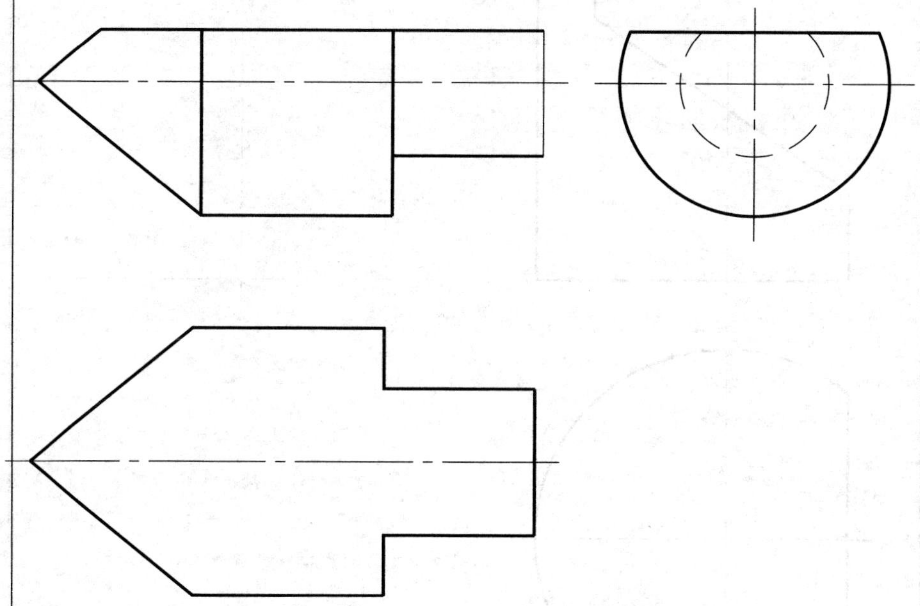

班级：________学号：________姓名：________

3-19 补画水平投影所缺的图线，并作侧面投影。

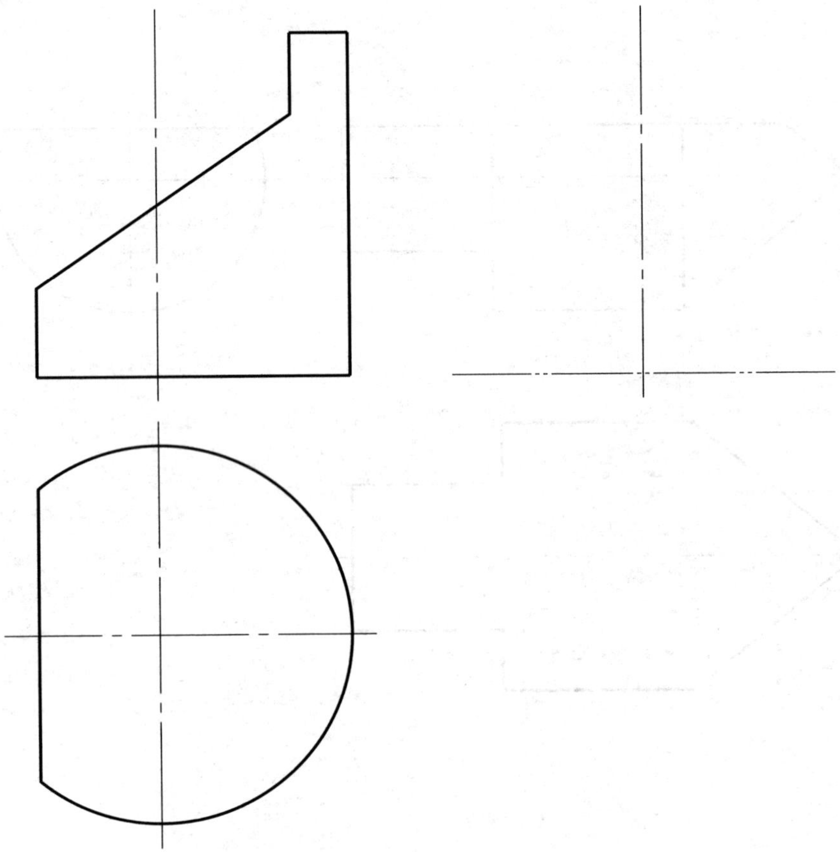

3-20 补全立体的水平投影和侧面投影。

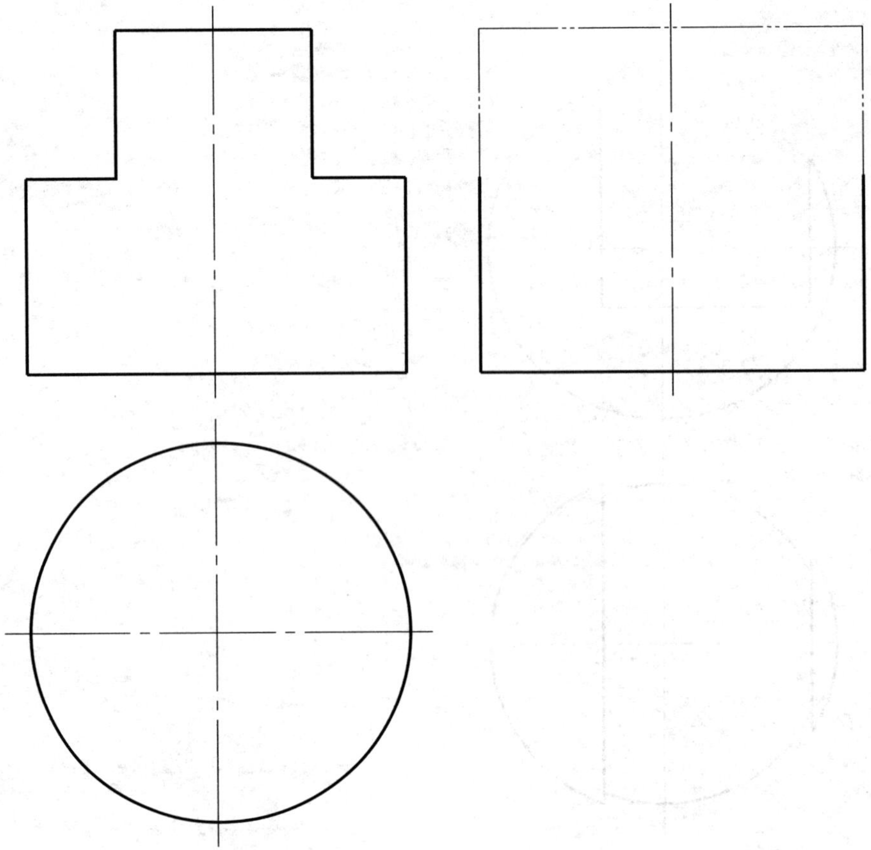

班级：________学号：________姓名：________

3-21 求作圆柱被穿孔后的侧面投影。

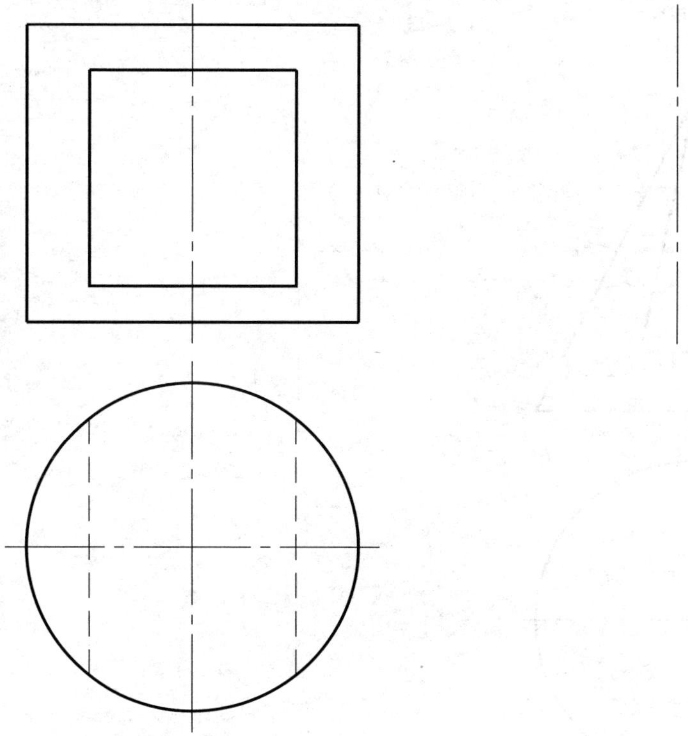

3-22 求立体的水平投影。

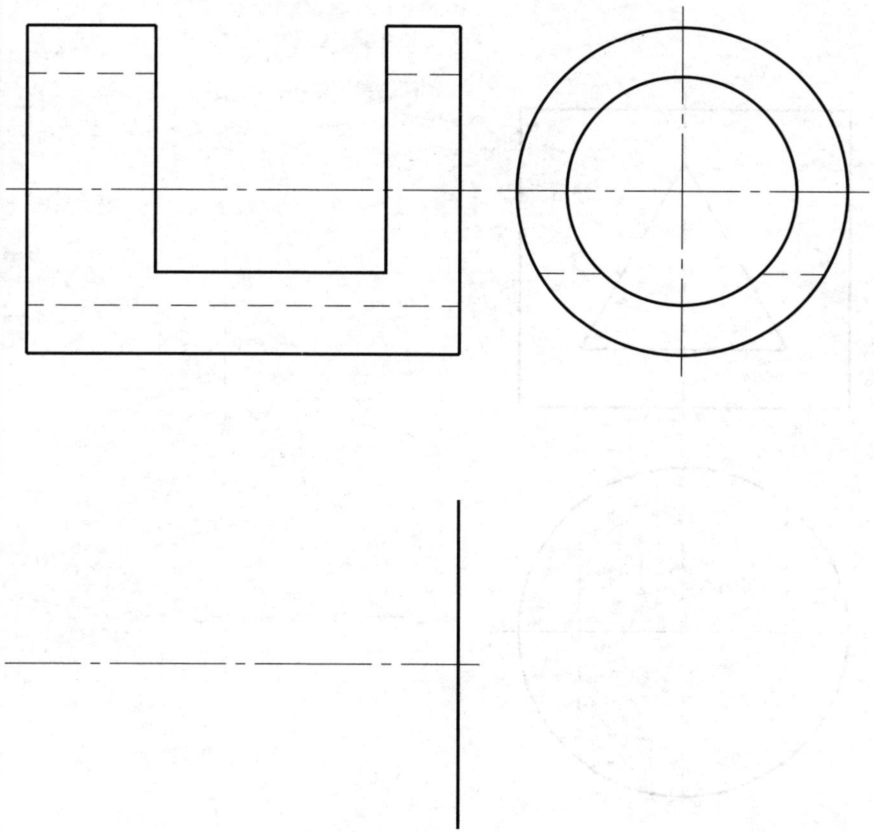

3-23 求圆柱被穿孔后的侧面投影。

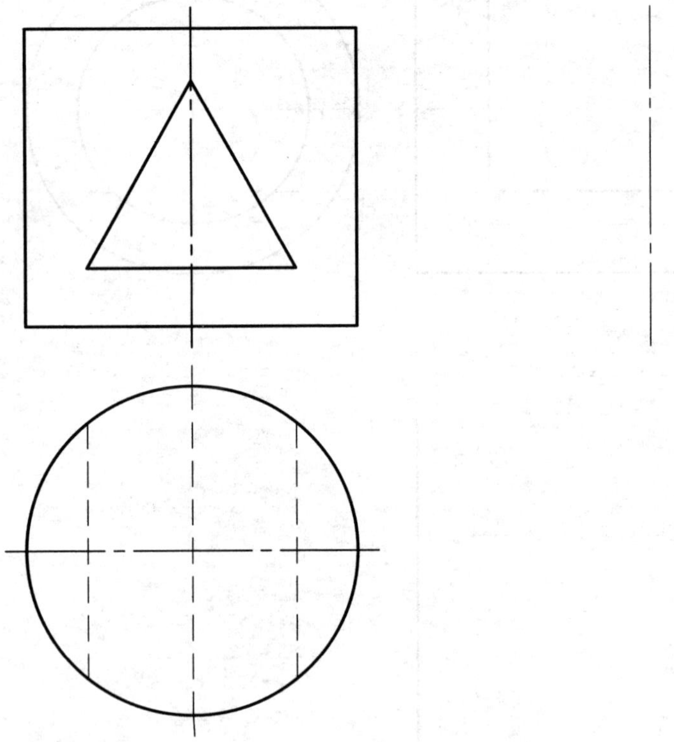

3-24 求圆锥被截切后的水平投影和侧面投影。

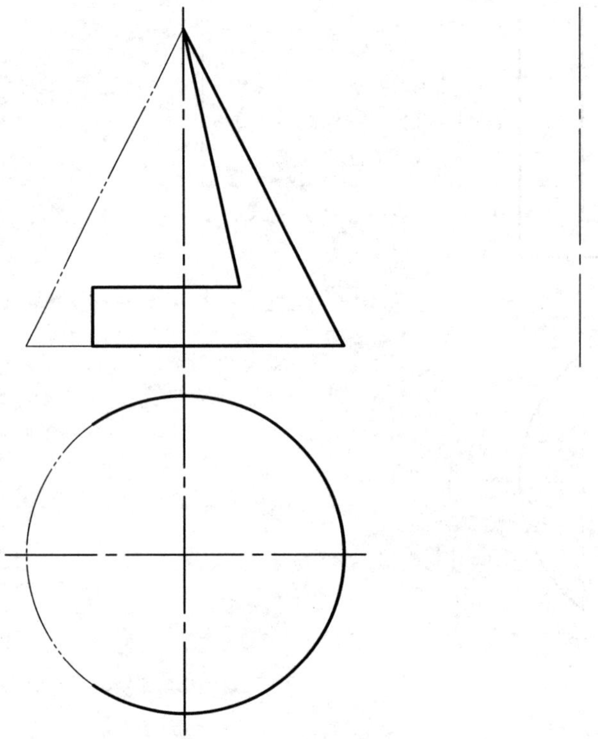

班级：________学号：________姓名：________

3-25 画出球被截切后的水平投影和侧面投影。

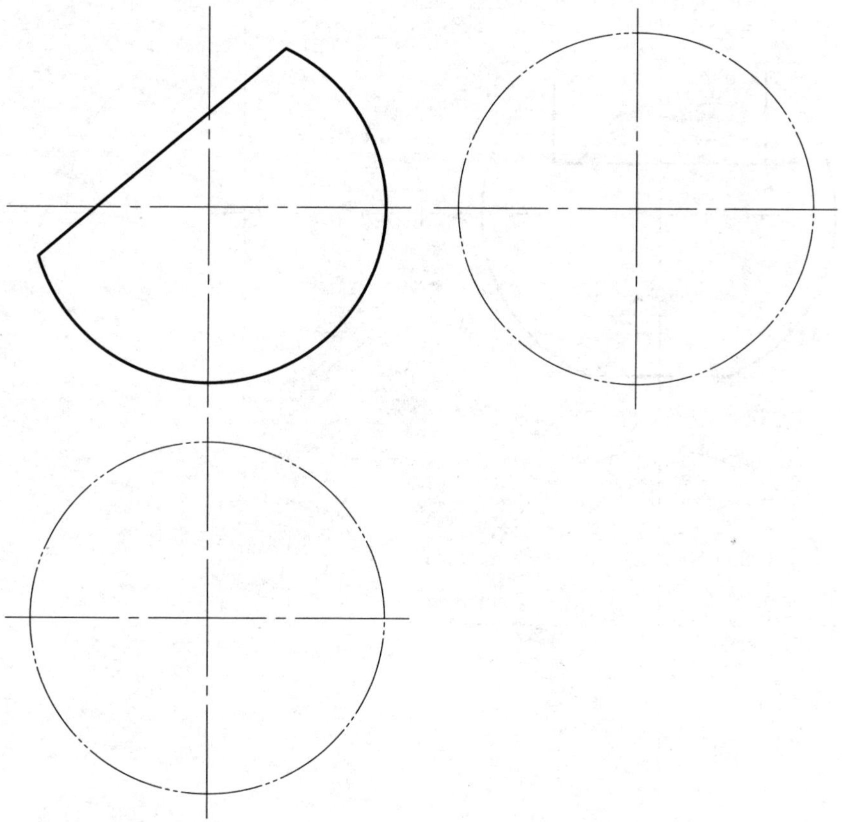

3-26 求球体被截切后的水平投影和侧面投影。

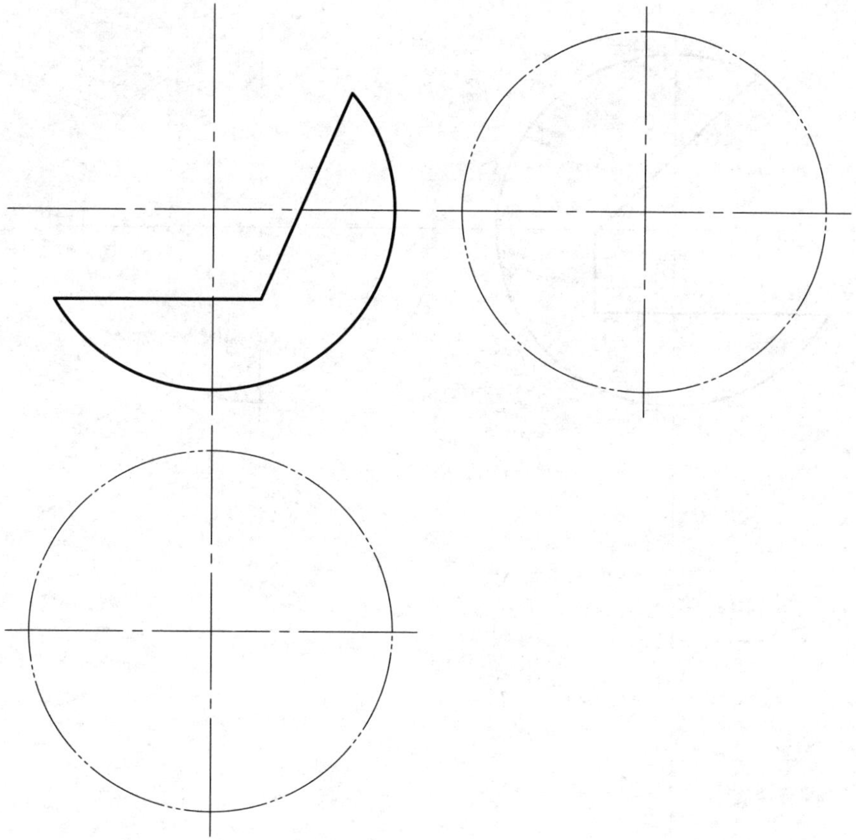

3-27　求球体被截切后的水平投影和侧面投影。

3-28　求球体被截切后的水平投影和侧面投影。

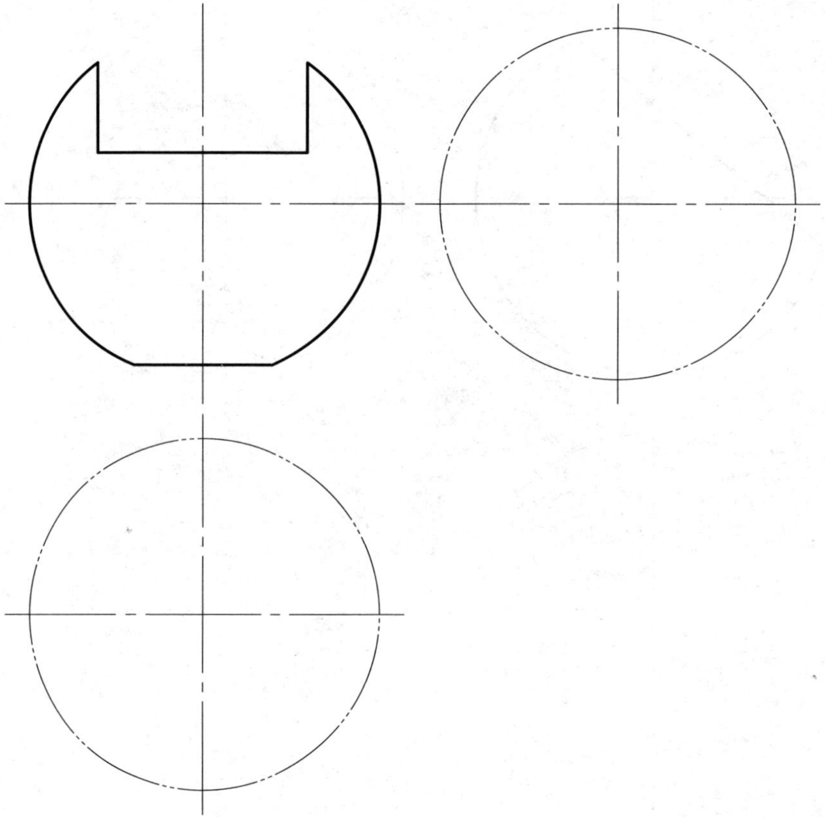

3-29　补全两圆柱相贯后的侧面投影。

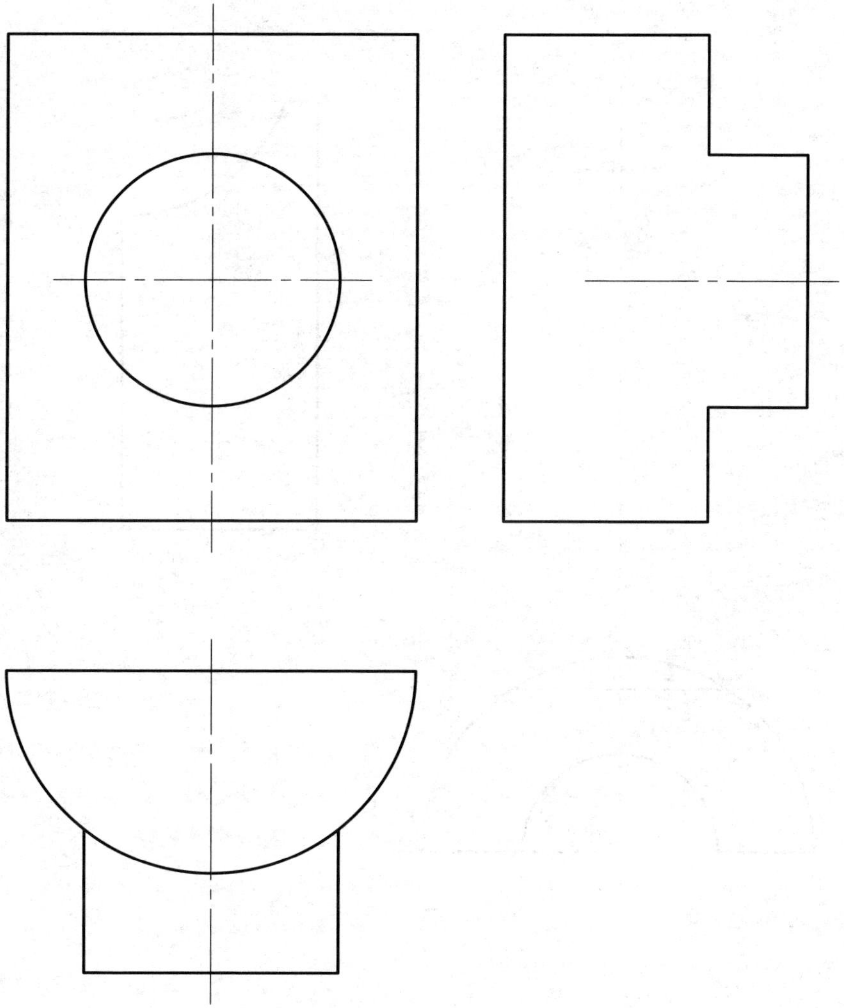

3-30　求圆柱相贯线的正面投影。

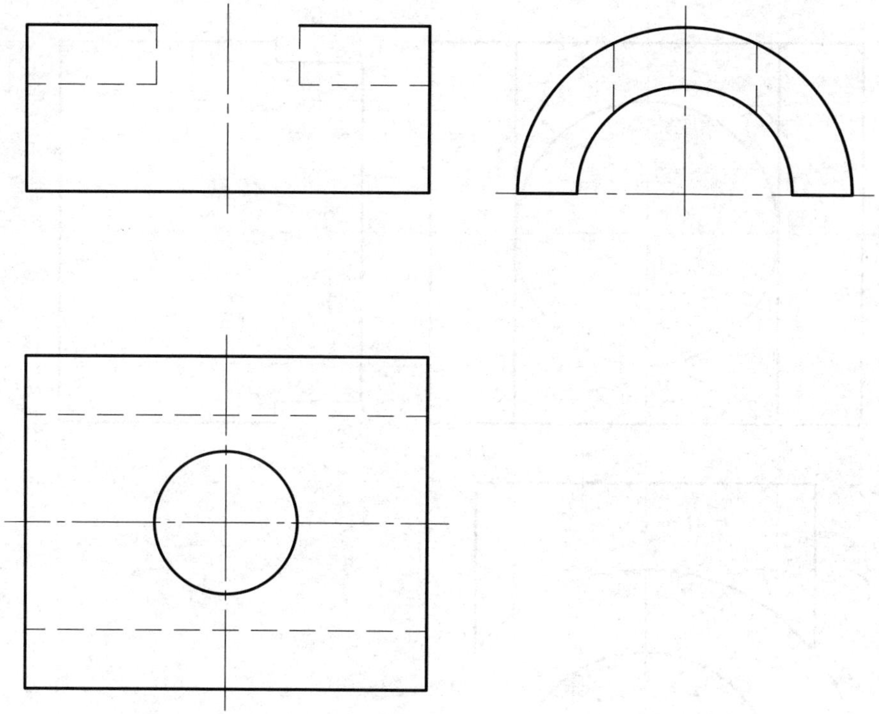

3-31 补全圆柱相贯后的侧面投影。

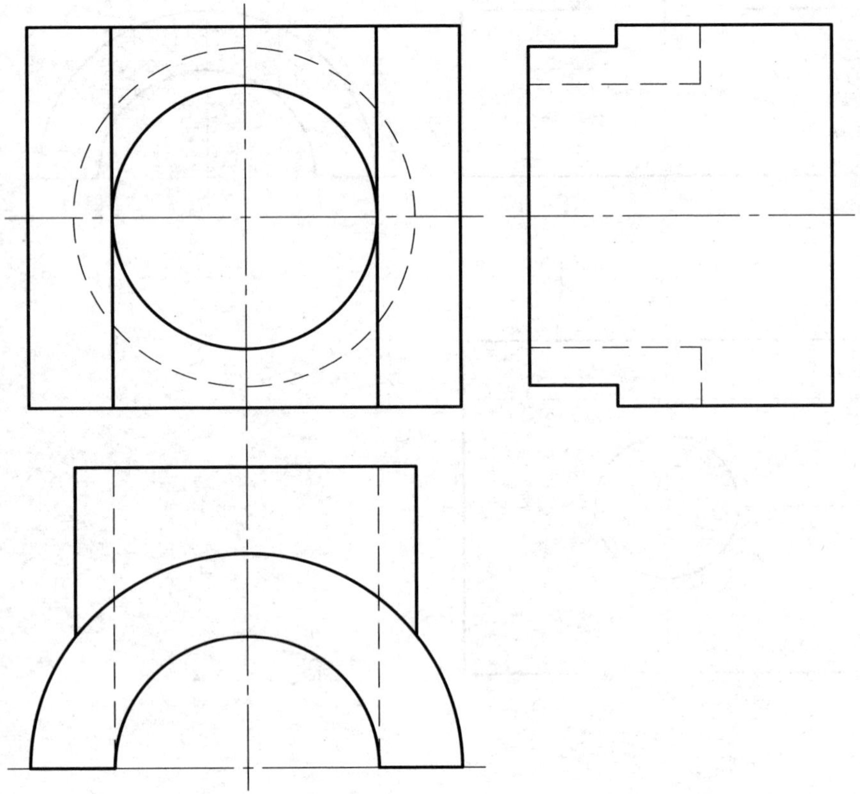

3-32 求作圆柱相贯后的正面投影。

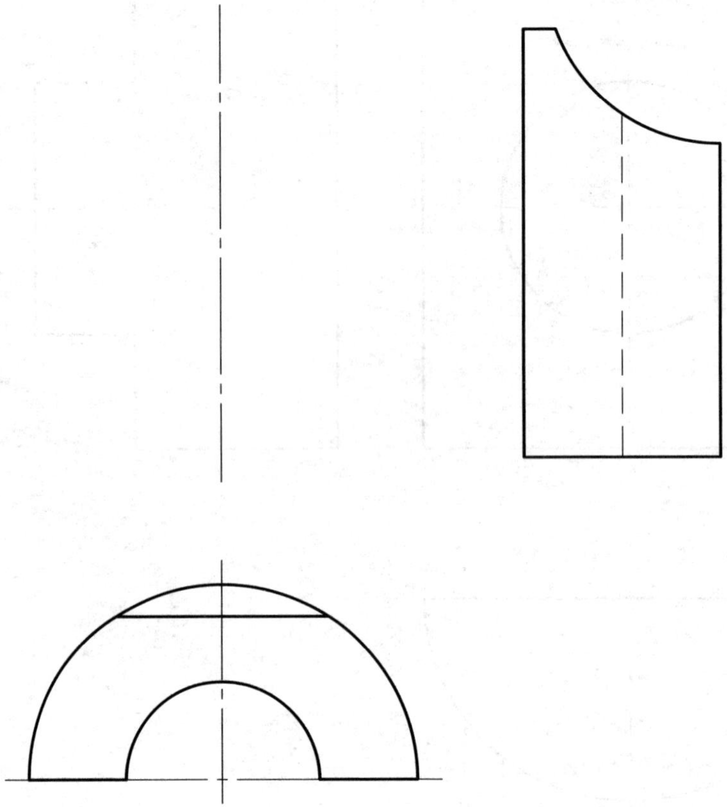

3-33 补全圆锥台和半圆柱相贯后的投影。

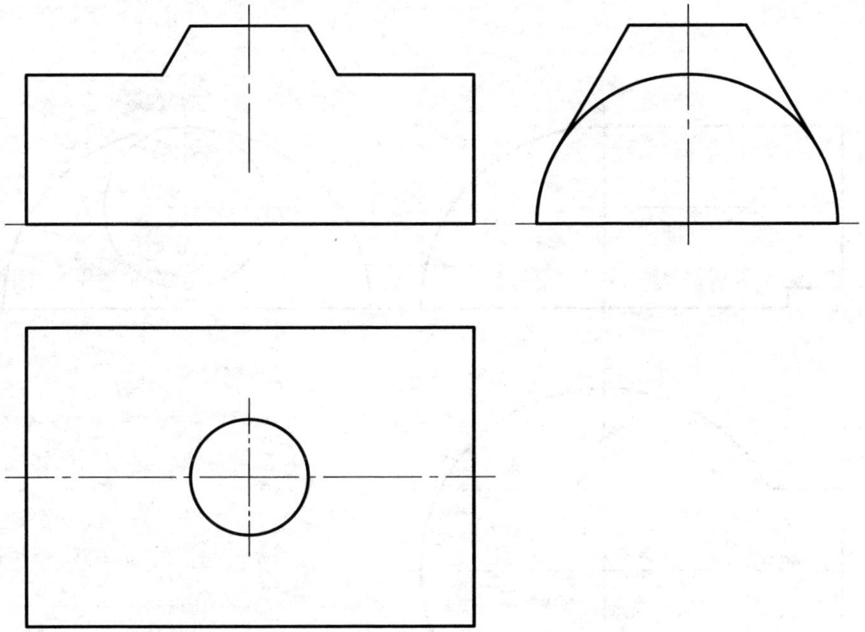

3-34 补全圆柱和圆锥相贯后的投影。

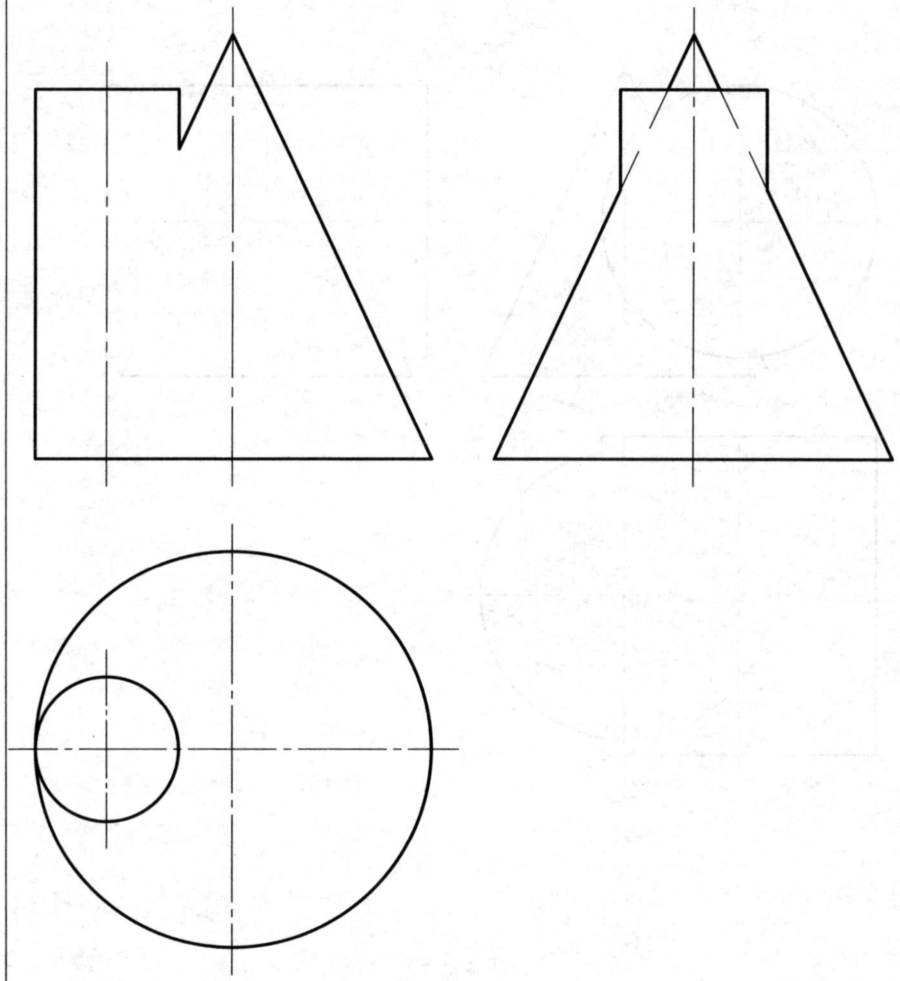

3-35 补全圆柱和圆锥相贯后的投影。

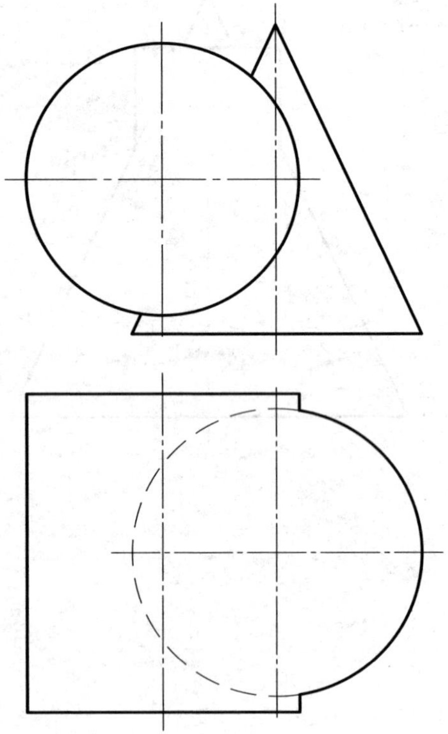

3-36 补全圆柱和半球相贯后的投影。

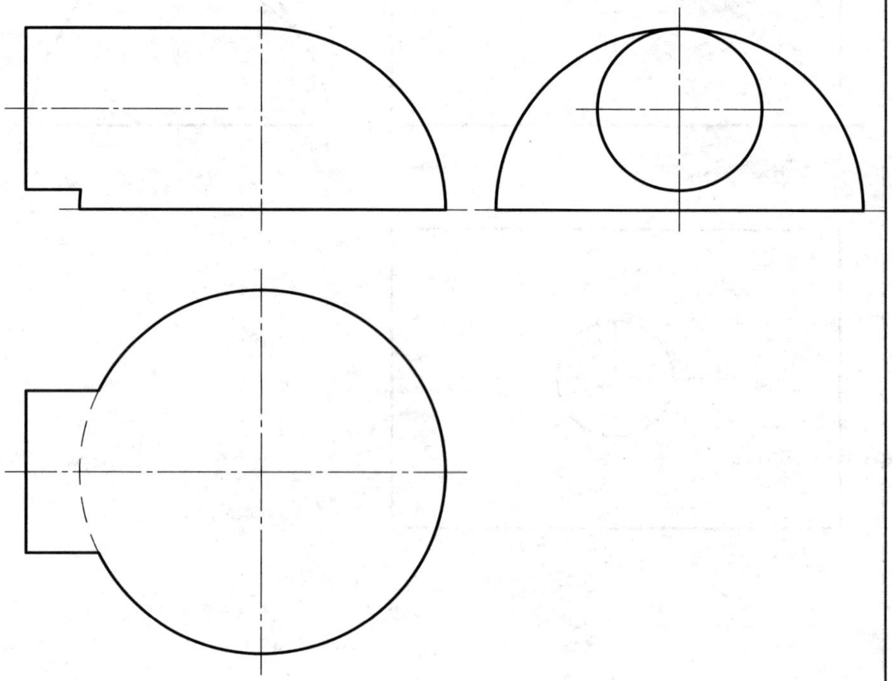

3-37 补全相贯体的三面投影。

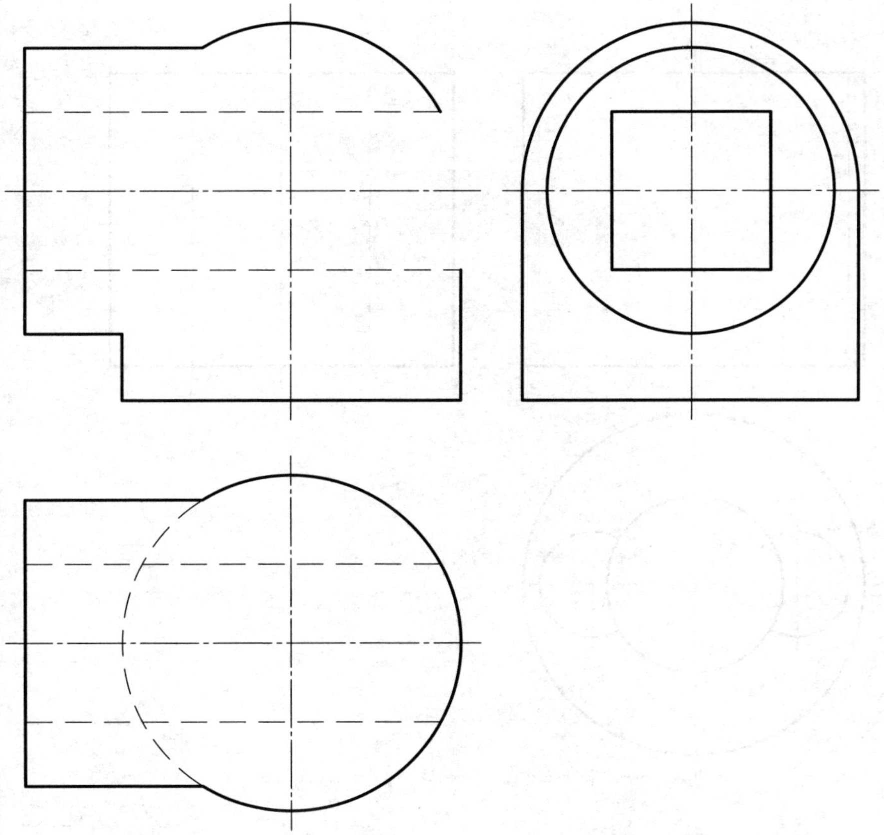

3-38 补全相贯体的三面投影。

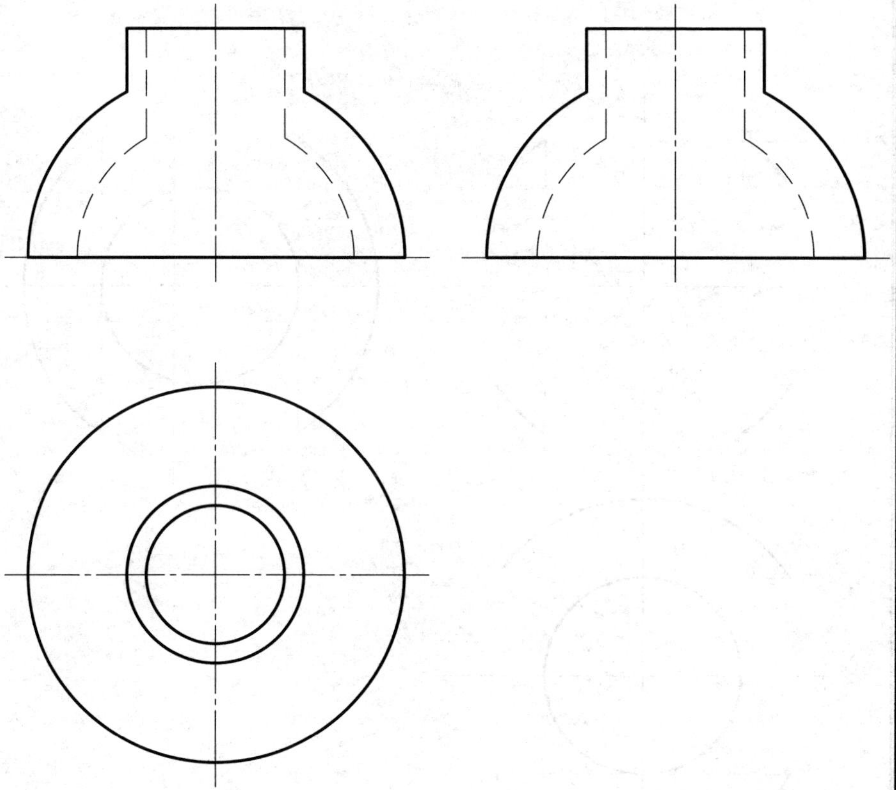

班级：________学号：________姓名：________

3-39 补全球被穿孔后的三面投影。

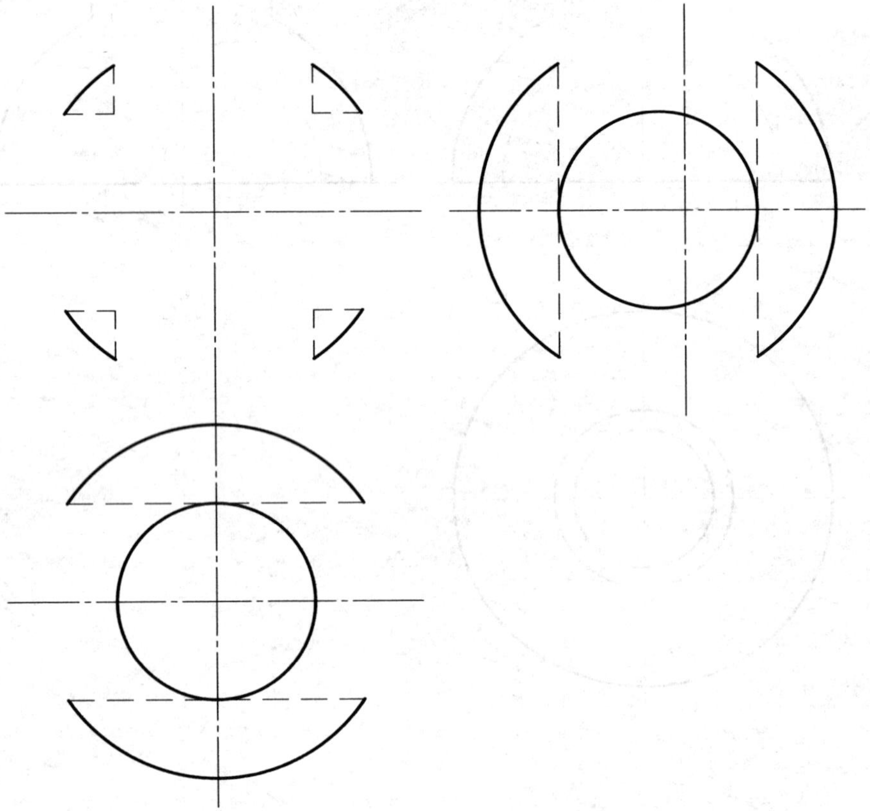

3-40 补全立体的三面投影。

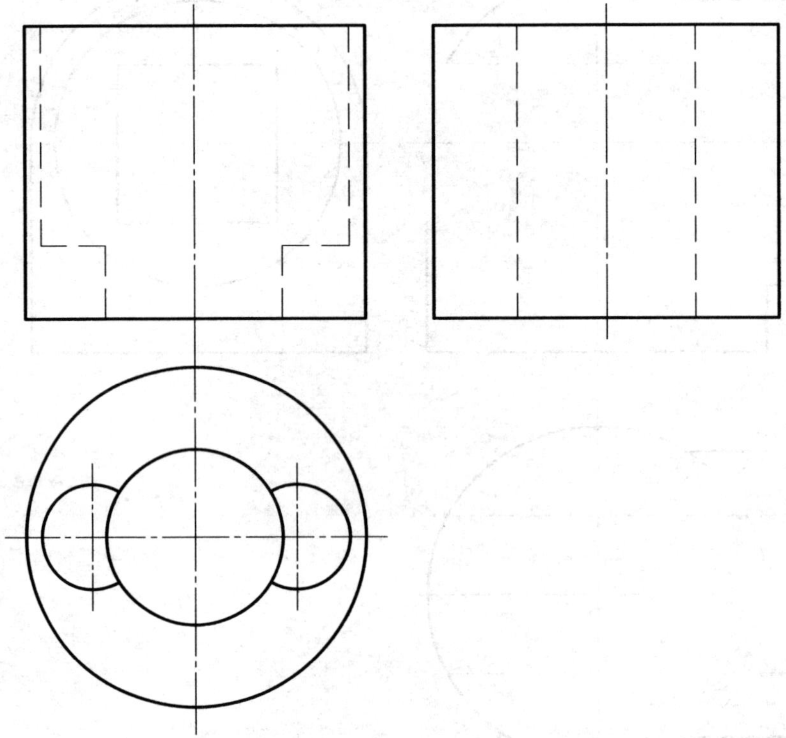

班级：________学号：________姓名：________

4-1 补画三视图中所缺的图线。

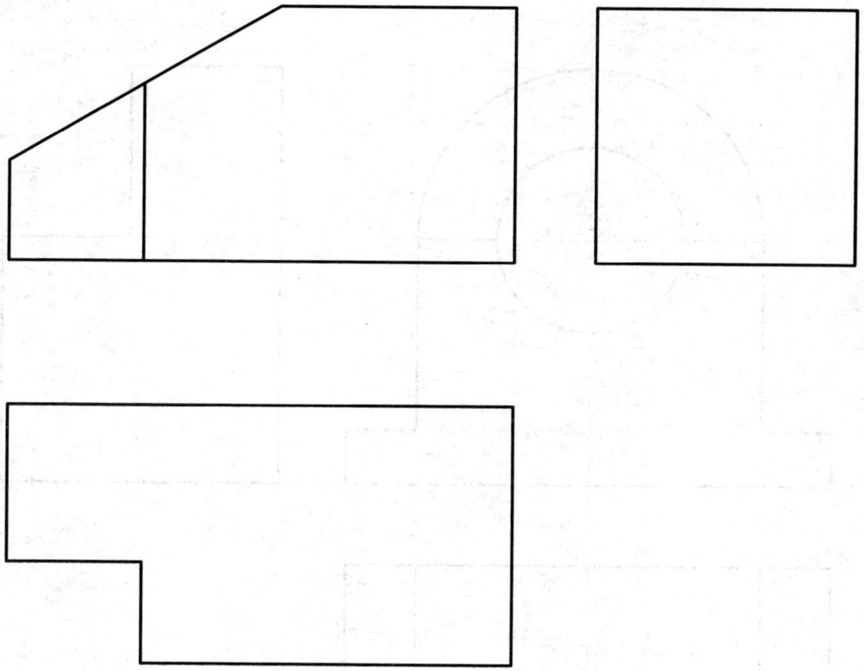

4-2 根据立体图补画三视图中所缺的图线。

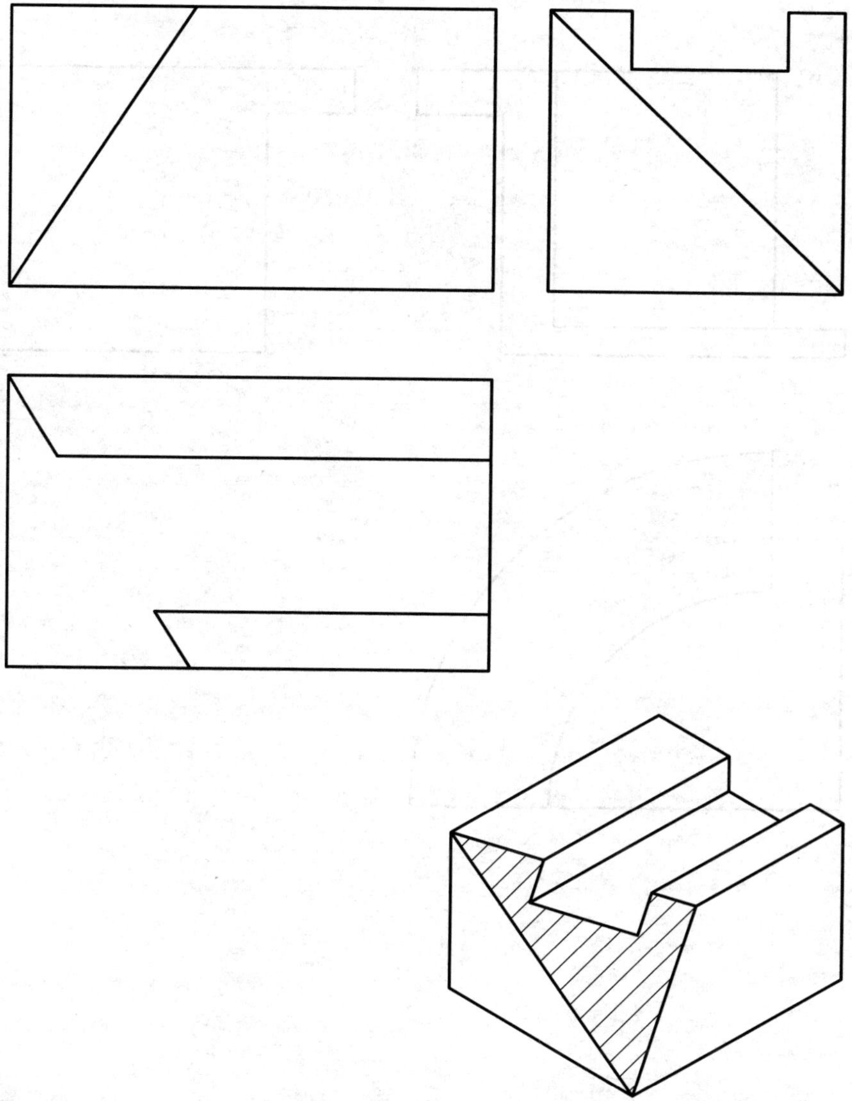

4-3 补画三视图中所缺的图线。

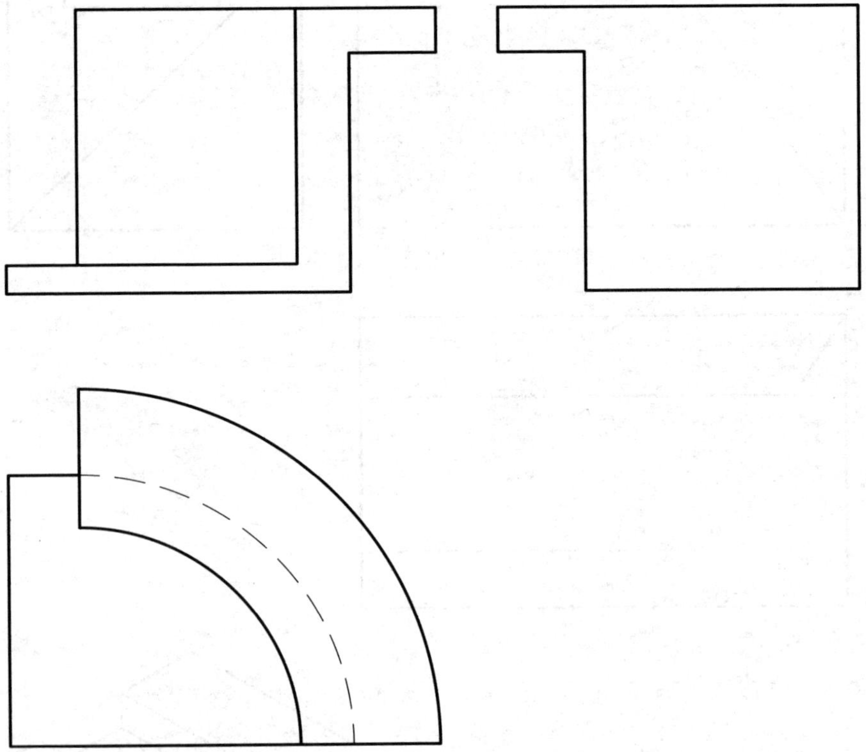

4-4 补画三视图中所缺的图线。

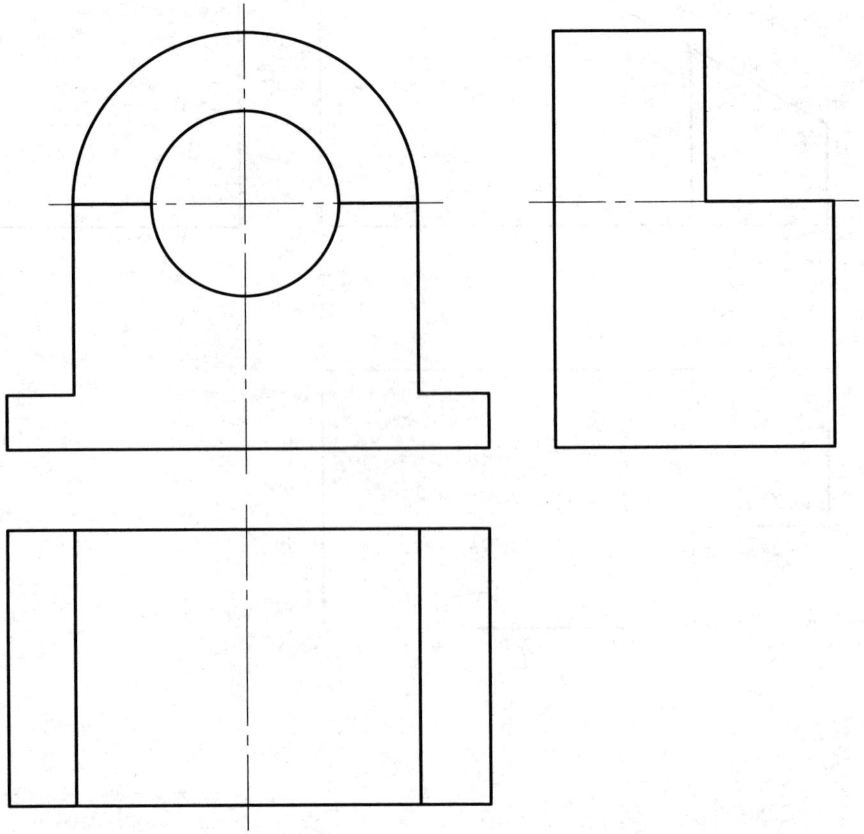

4-5 根据立体图补画视图中所缺图线。

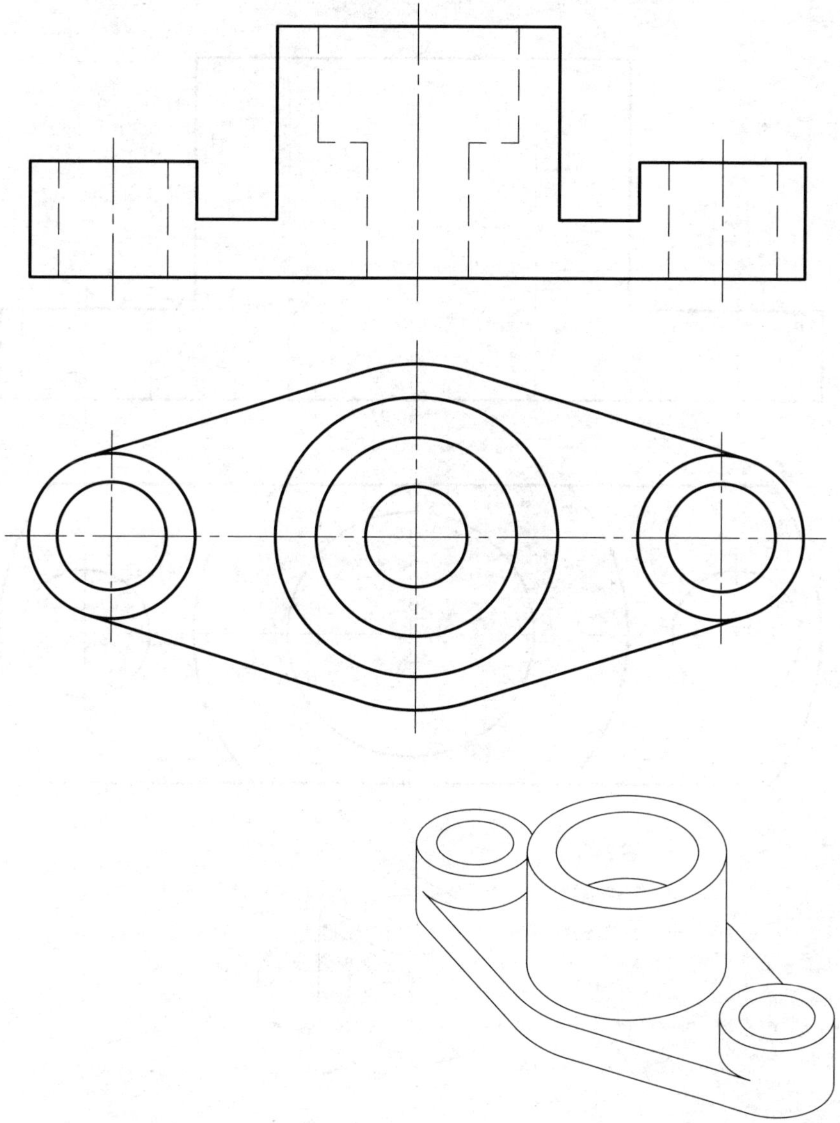

4-6 根据立体图补画视图中所缺图线。

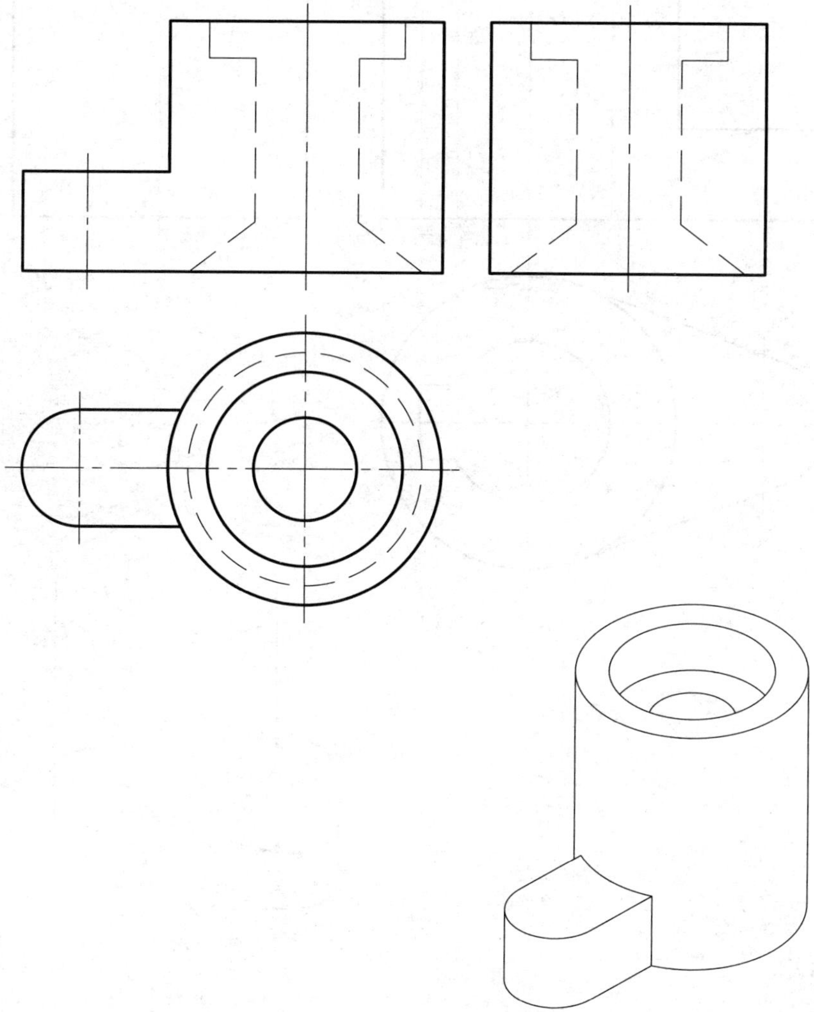

4-7 根据立体图补画视图中所缺图线。

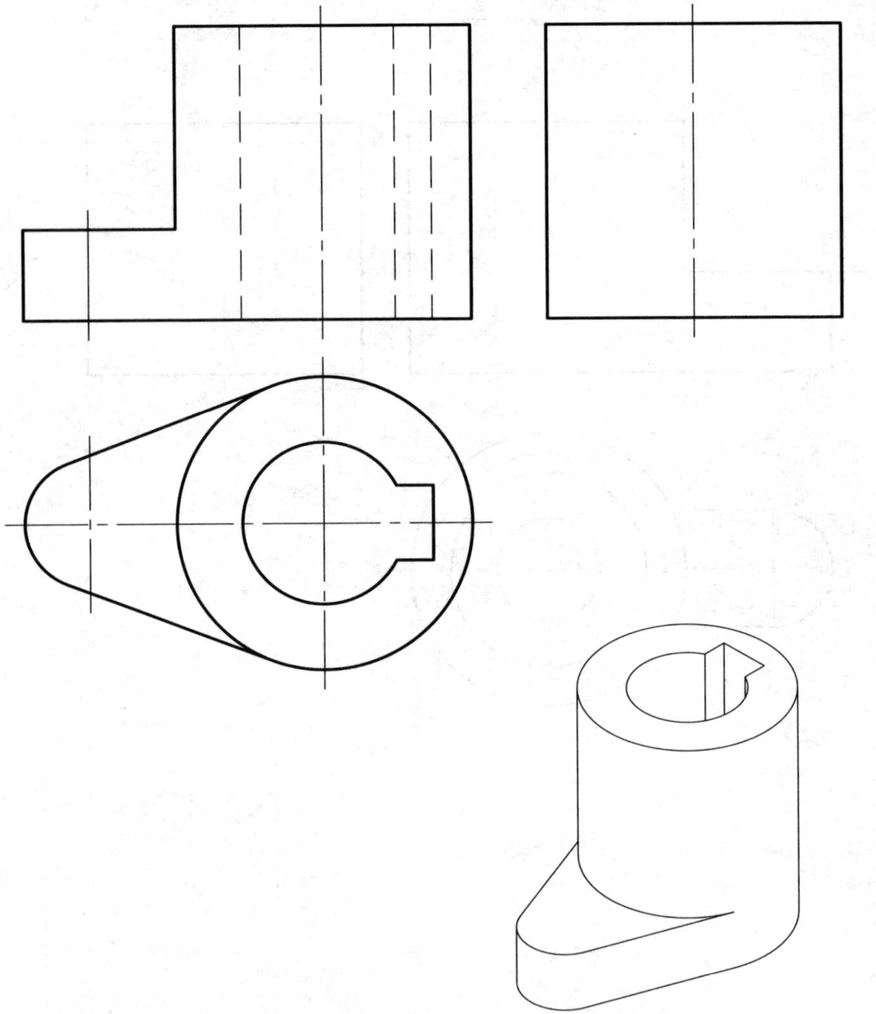

4-8 根据立体图补画视图中所缺图线。

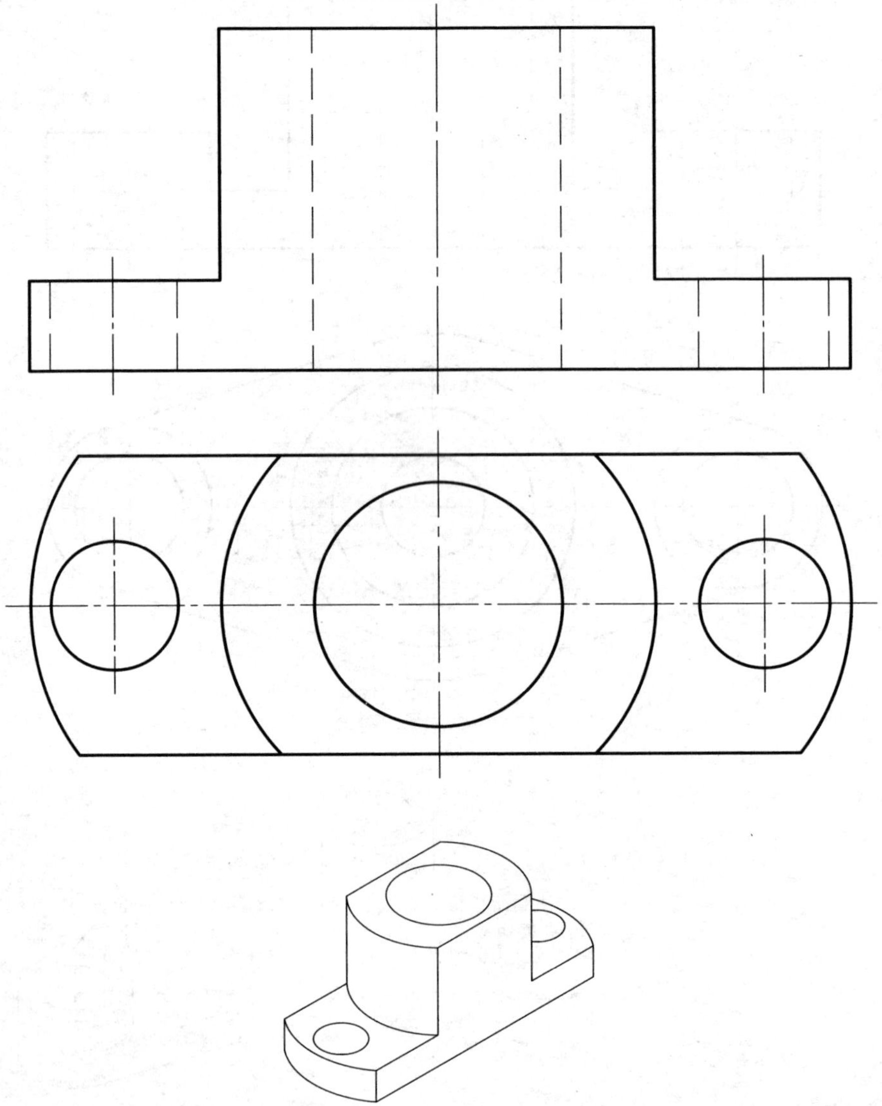

4-9 配合立体图读组合体视图，并补画第三视图。

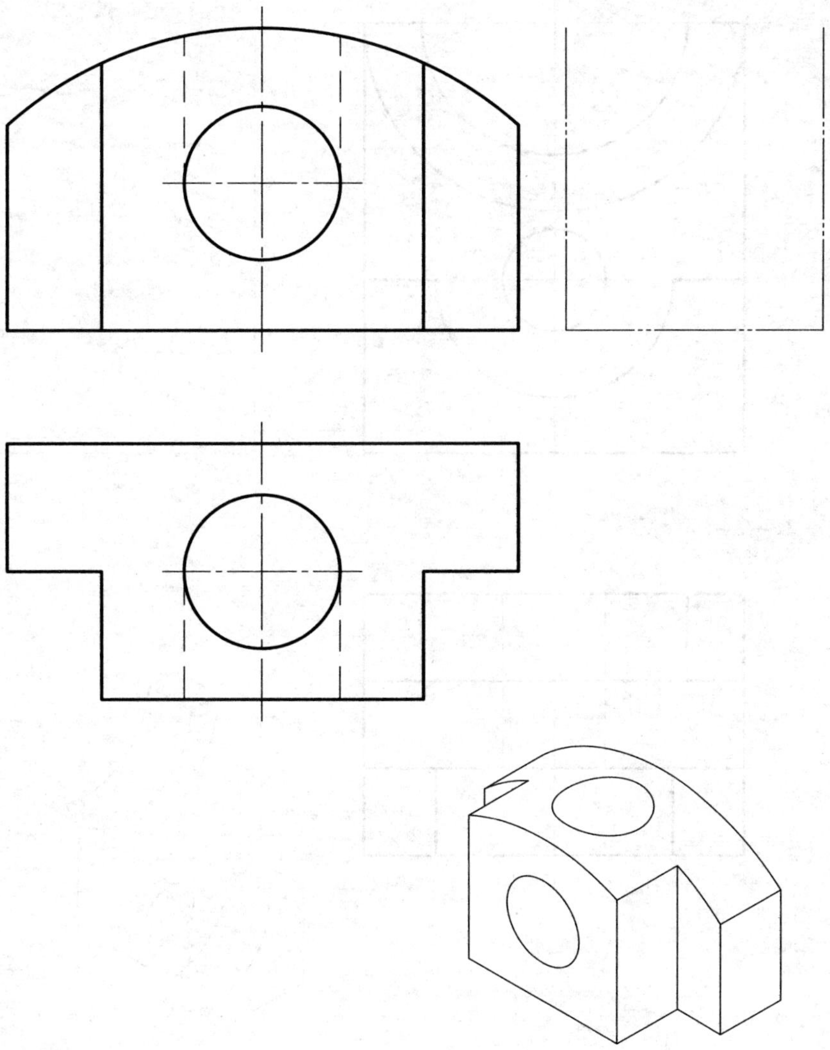

4-10 配合立体图读组合体视图，并补画第三视图。

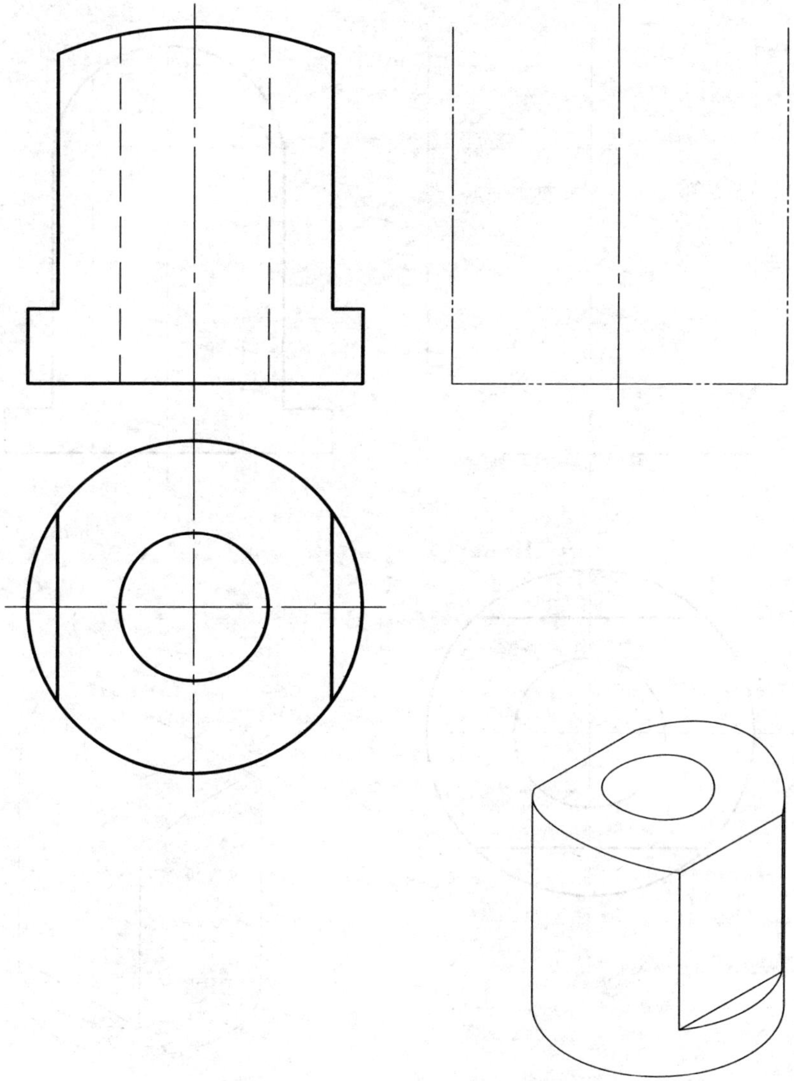

班级：________学号：________姓名：________

4-11　配合立体图读组合体视图，并补画第三视图。

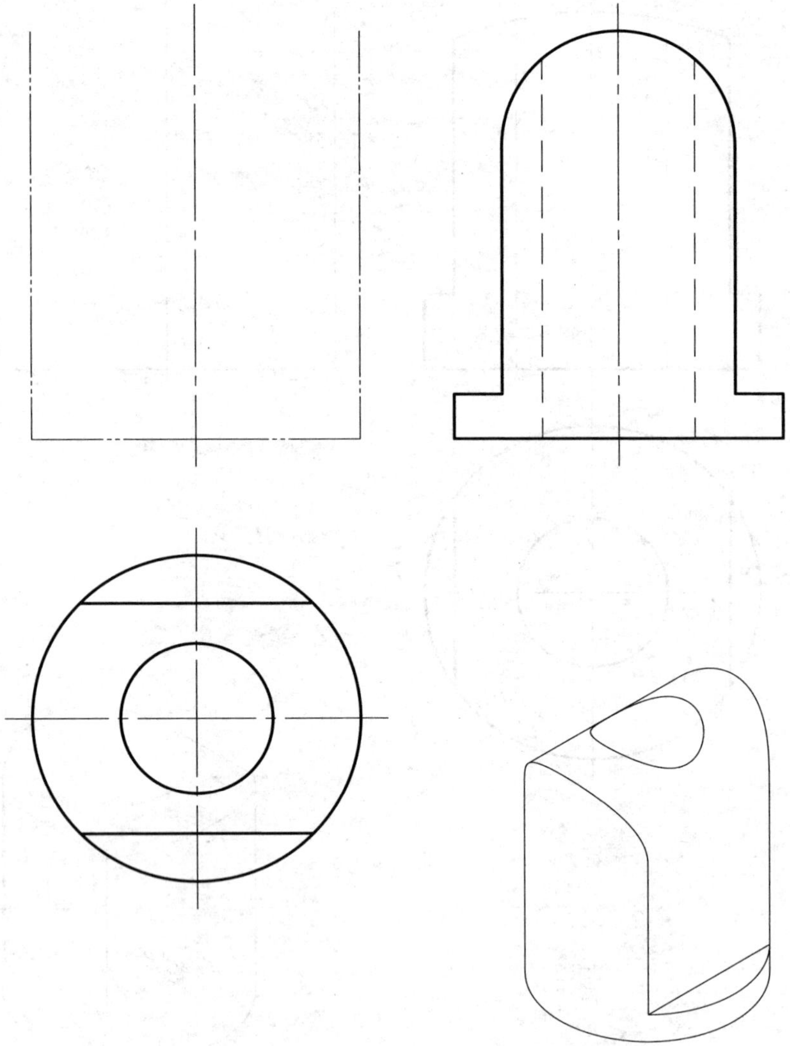

4-12　配合立体图读组合体视图，并补画第三视图。

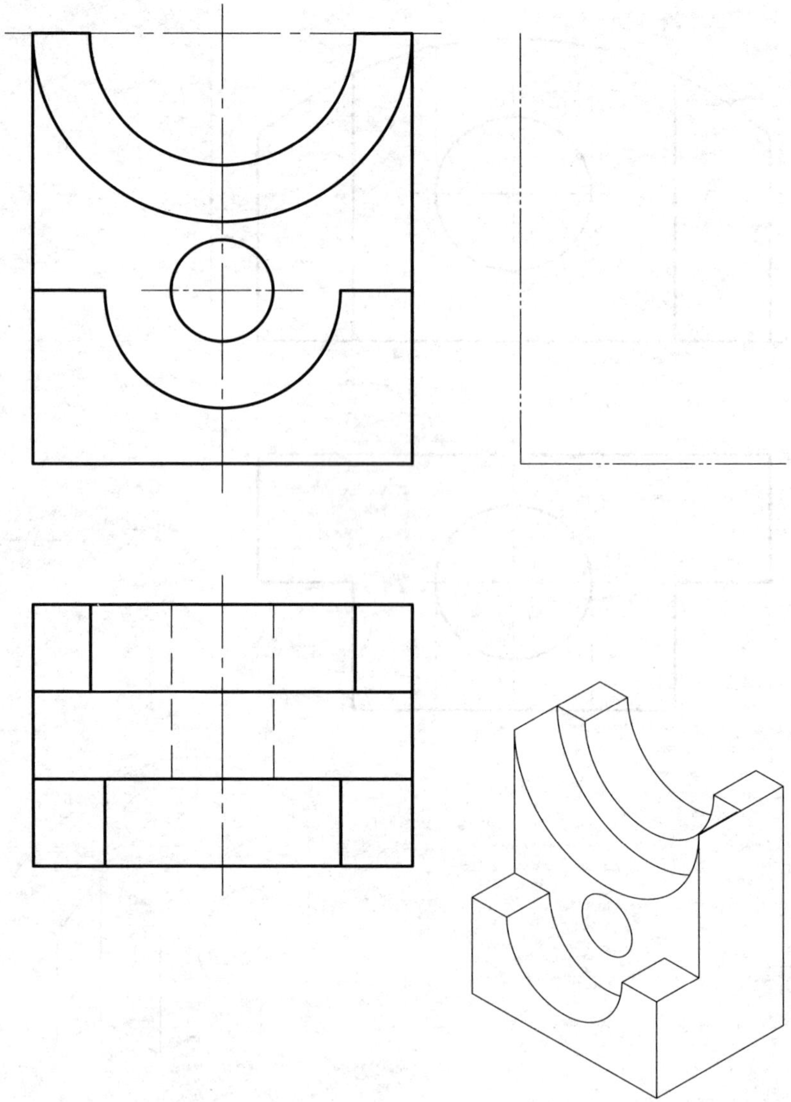

班级：________学号：________姓名：________

4-13　读懂视图后标注尺寸，尺寸数值按1∶1从视图中量取并取整。

1.

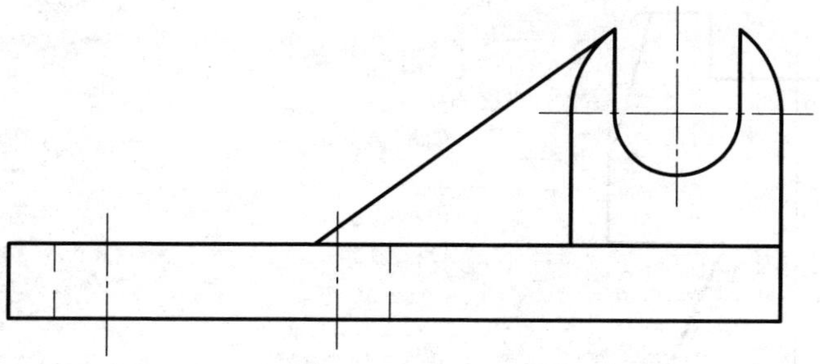

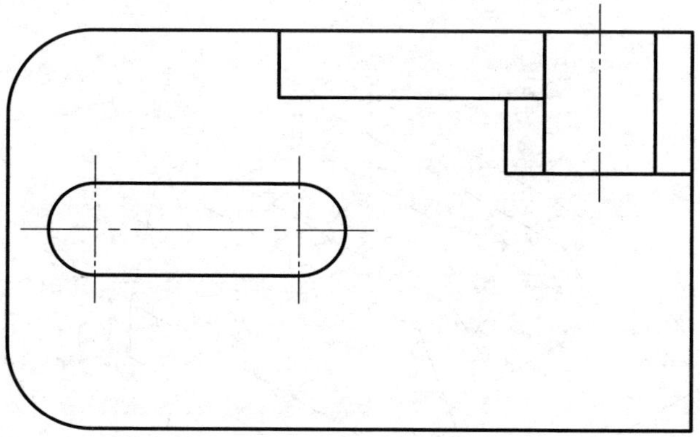

2.

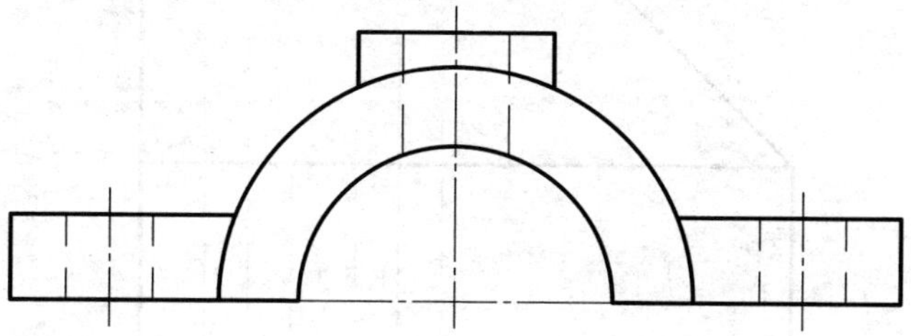

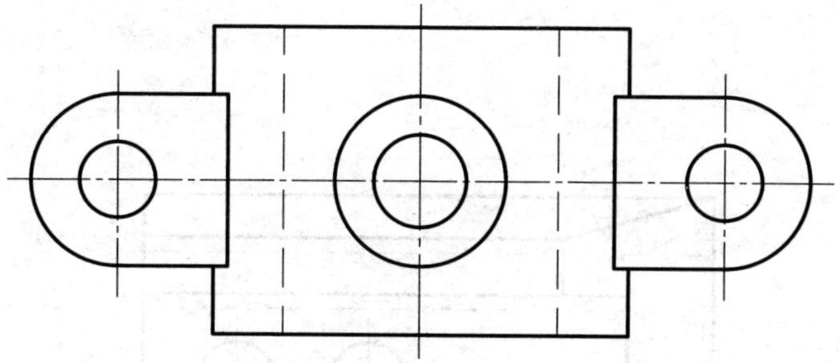

4-14 补画视图中所缺图线，并标注尺寸。

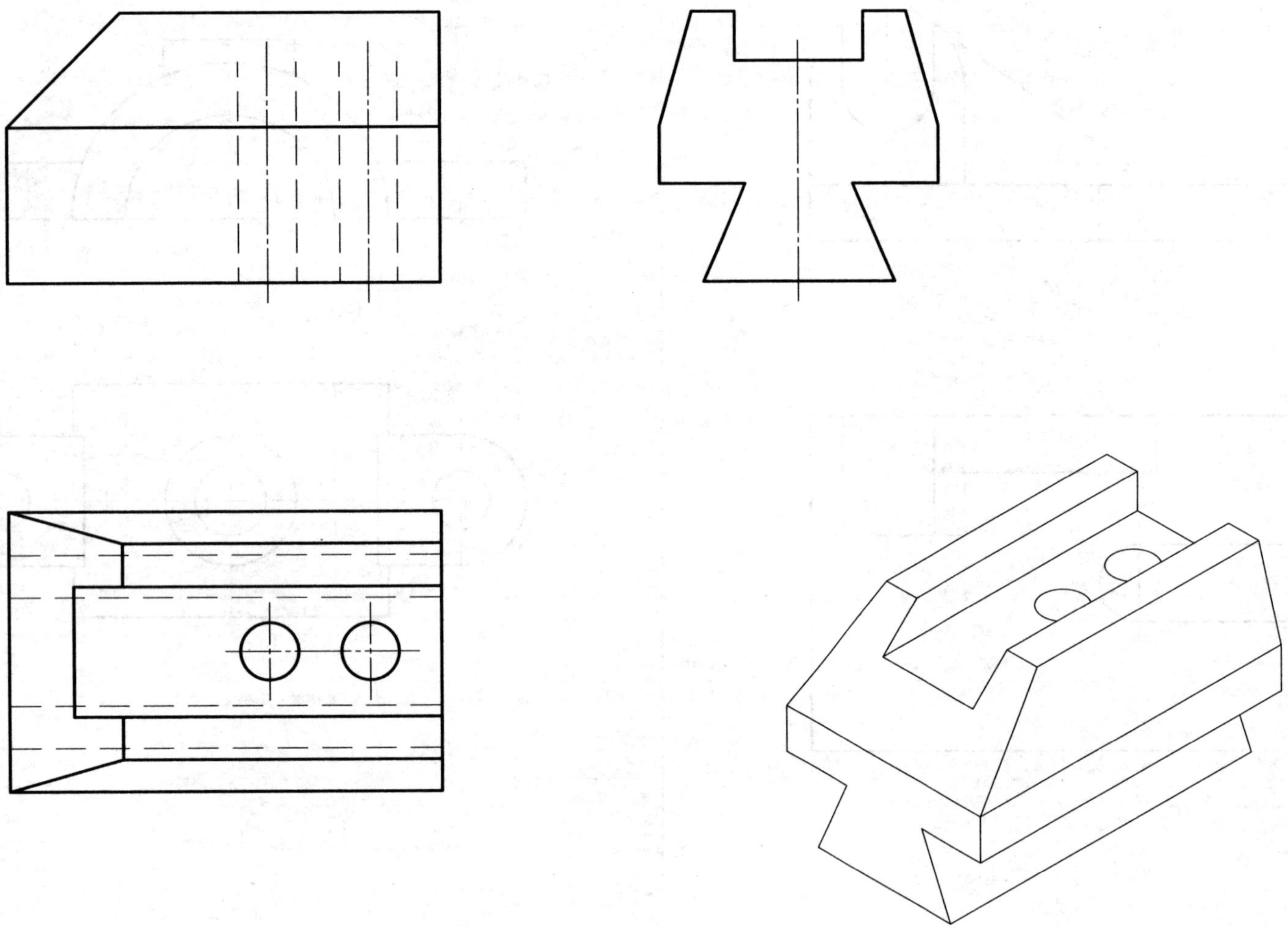

4-15　根据轴测图上所注尺寸，用1∶1画出组合体的三视图。

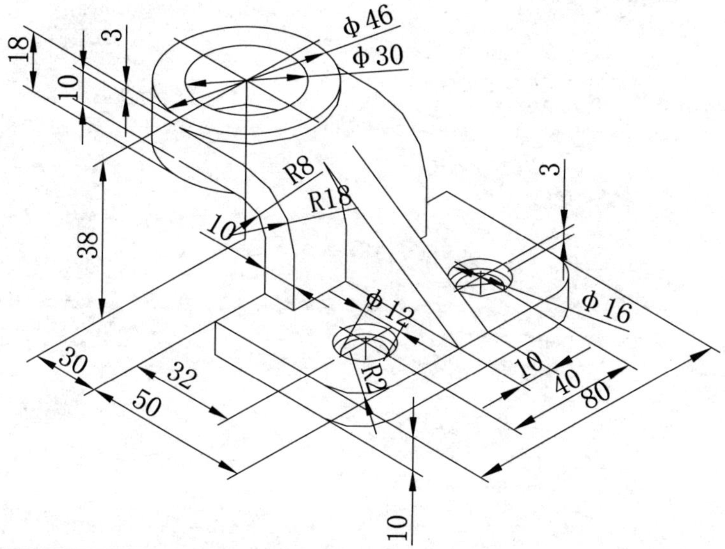

4-16 根据轴测图上所注尺寸，用1：1画出组合体的三视图。

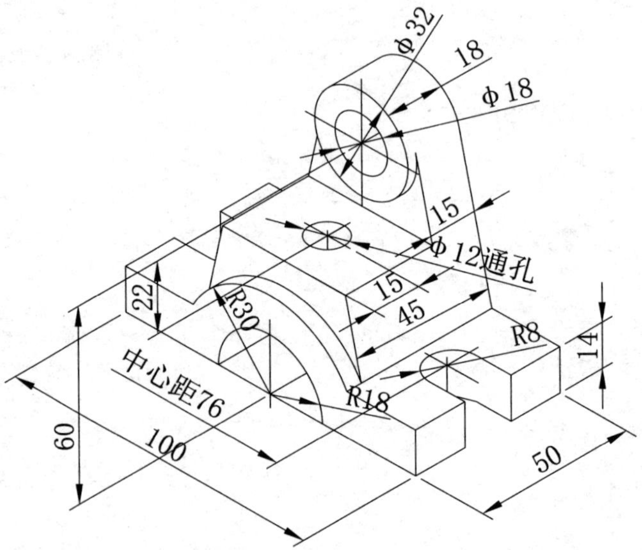

4-17 读组合体视图补画第三视图，并判别线、面的相对位置。

1.

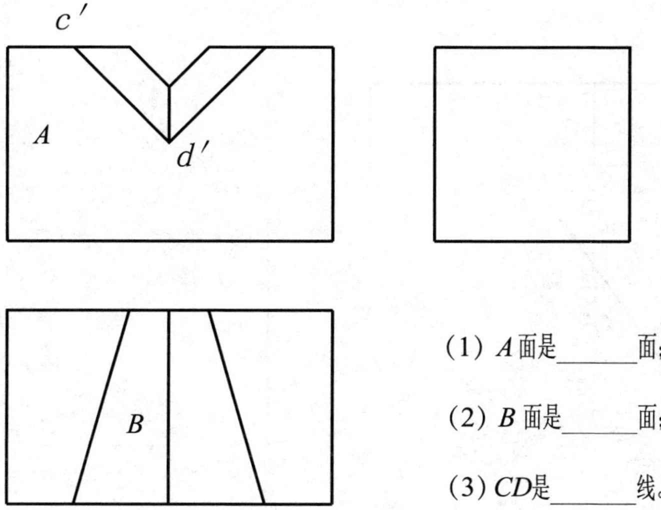

(1) A 面是______面；

(2) B 面是______面；

(3) CD是______线。

2.

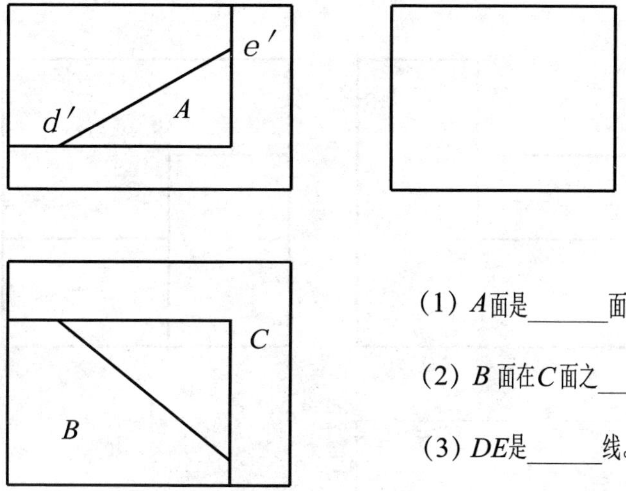

(1) A面是______面；

(2) B 面在C面之______；

(3) DE是______线。

3.

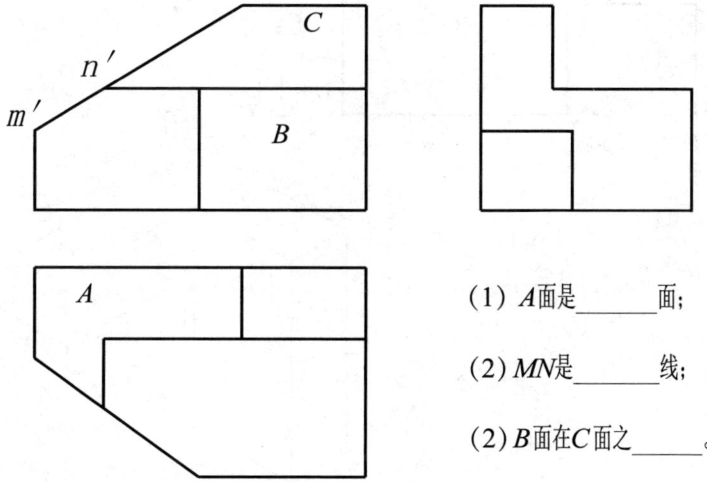

(1) A面是______面；

(2) MN是______线；

(2) B面在C面之______。

4.

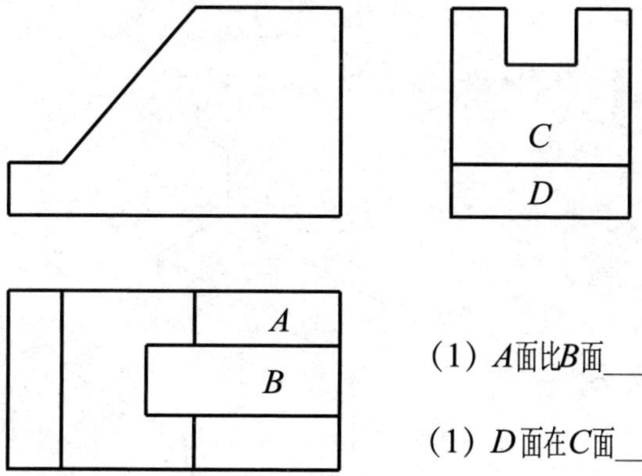

(1) A面比B面______（高、低）；

(1) D面在C面______（左、右）。

4-18 补画视图中所缺图线和所缺视图。

1.

2.

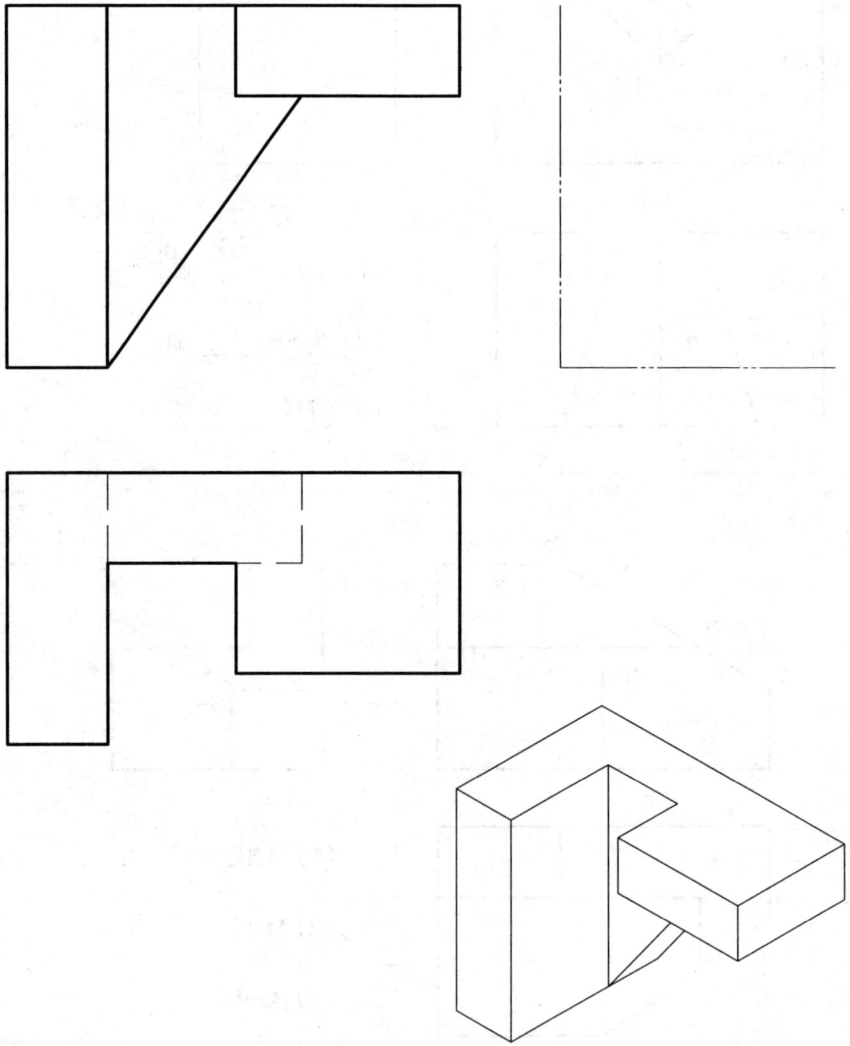

4-19 补画视图中所缺图线和所缺视图。

1.

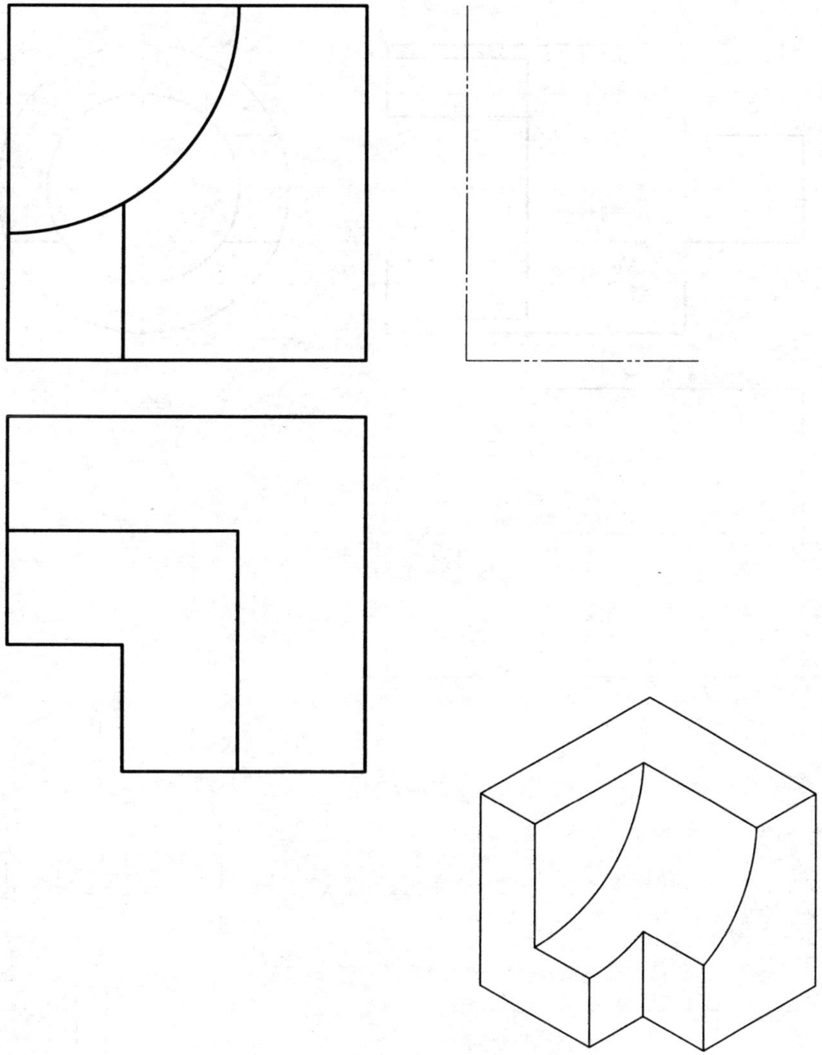

2.

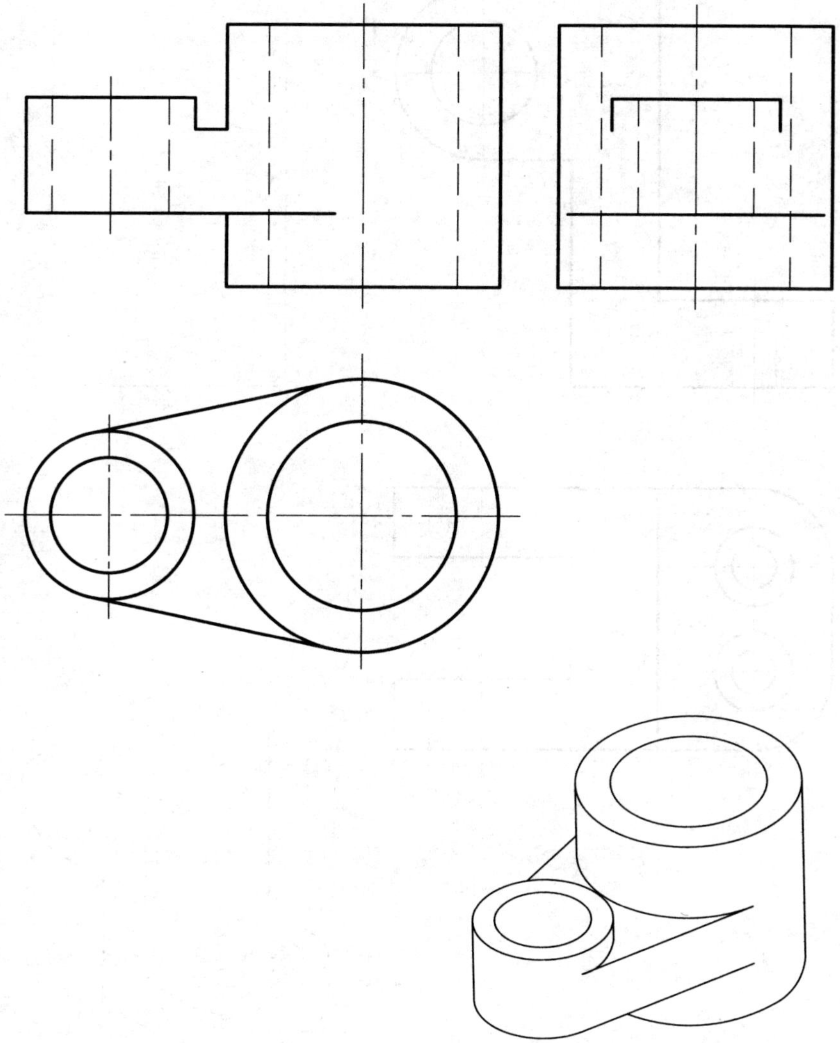

4-20　读组合体视图，并补画第三视图。

1.

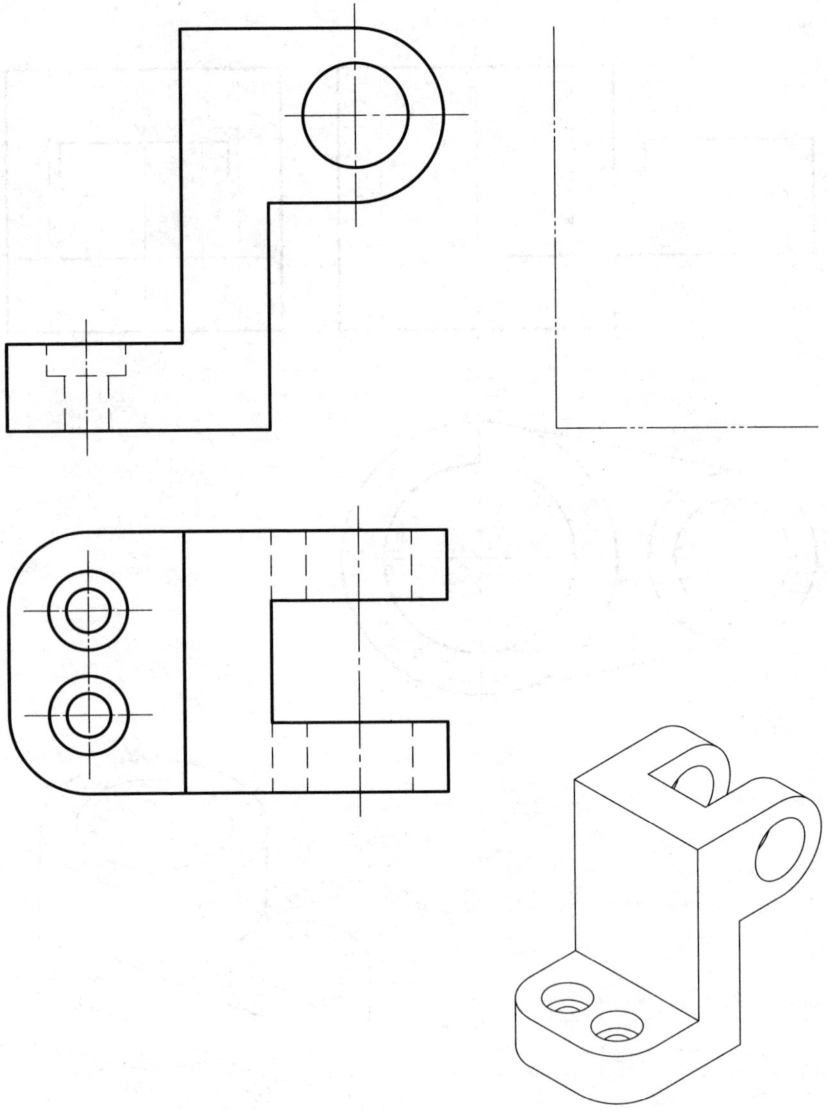

2.

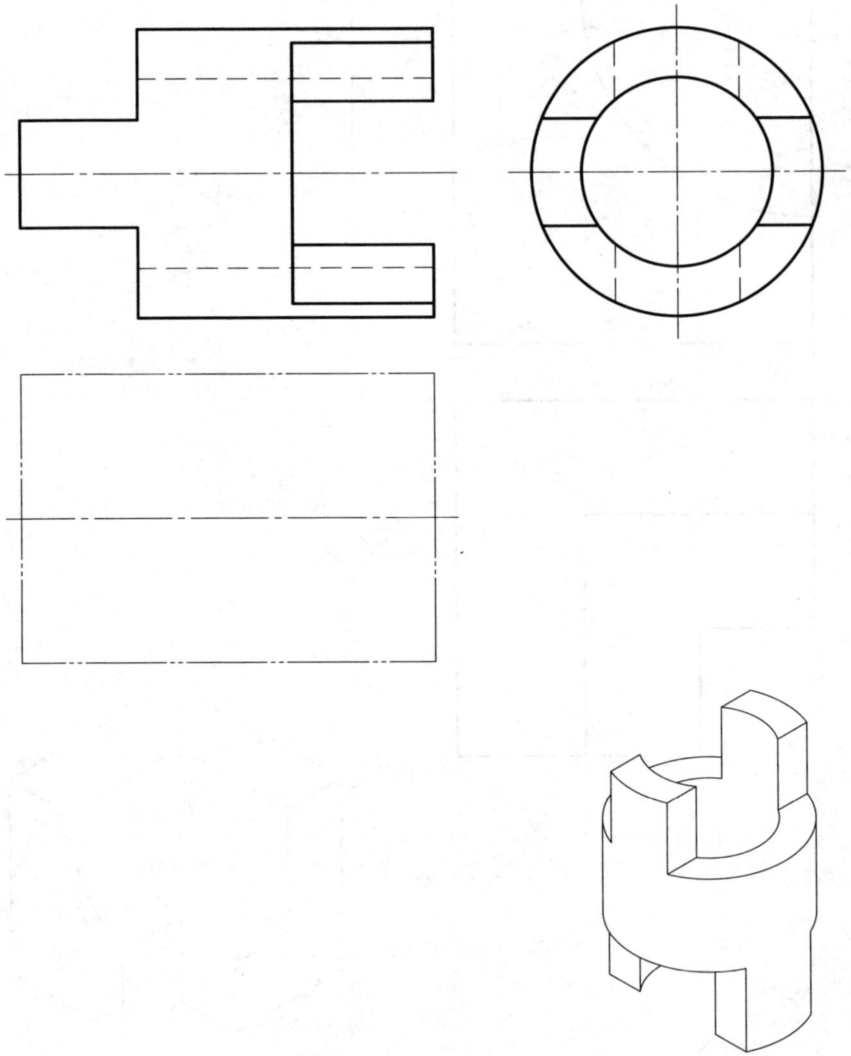

4-21 读组合体视图，并补画第三视图。

1.

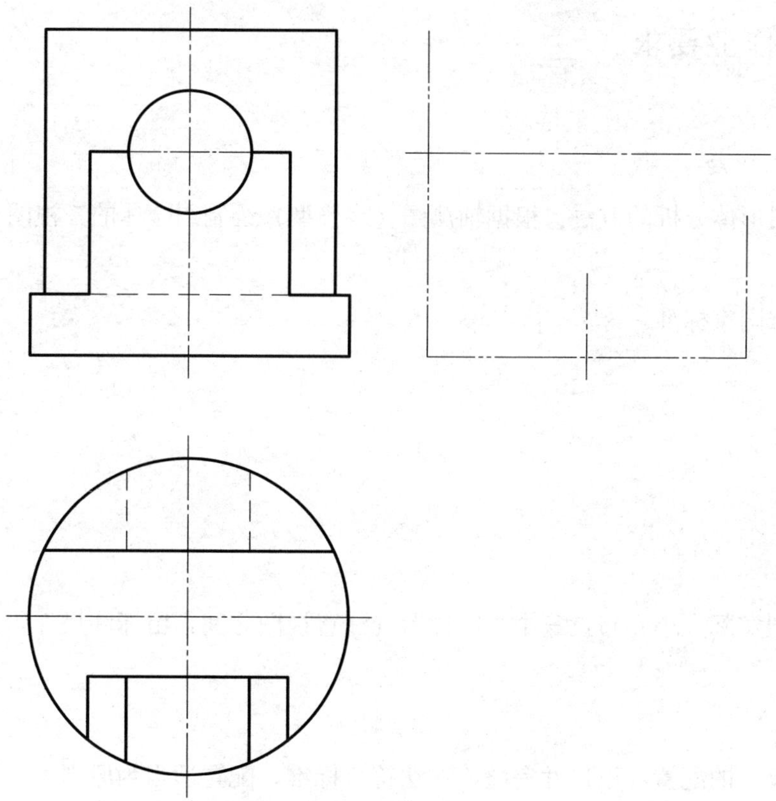

2.

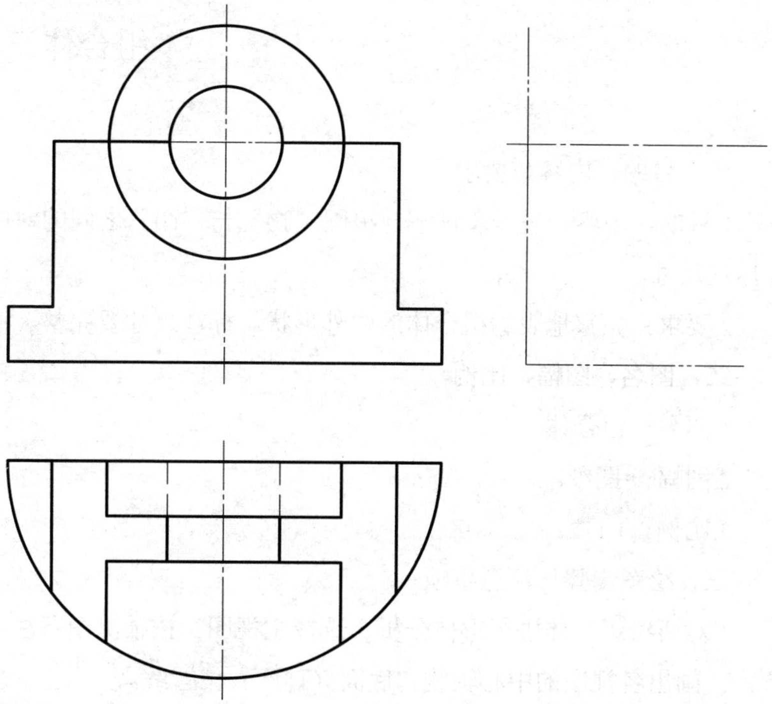

绘图训练-4　组合体

组合体三视图制图作业要求

一、目的、内容与要求

1.目的、内容：进一步理解与巩固“物”与“图”之间的对应关系，运用形体分析的方法，根据轴测图（或模型）绘制组合体的三视图，并标注尺寸。

2.要求：完整地表达组合体的内外形状。标注尺寸要完整、清晰，并符合国家标准。

二、图名、图幅、比例

1.图名：组合体。

2.图幅：图纸。

3.比例：1：2。

三、绘图步骤与注意事项

1.对所绘组合体进行形体分析，选择主视图，按轴测图所注尺寸（或模型实际大小）布置三个视图位置（注意视图之间预留标注尺寸的位置），画出各视图的中心轴线和底面（顶面）位置线。

2.逐步画出组合体各部分的三视图（注意表面相切或相贯时的画法）。

3.标注尺寸时应注意不要照搬轴测图上的尺寸注法，应重新考虑视图上尺寸的配置。以尺寸完整、注法符合标准、配置适当为原则。

4.完成底稿，经仔细校核后用铅笔加深。

5.图面质量与标题栏填写的要求，同第一次制图作业。

绘图训练-4　组合体

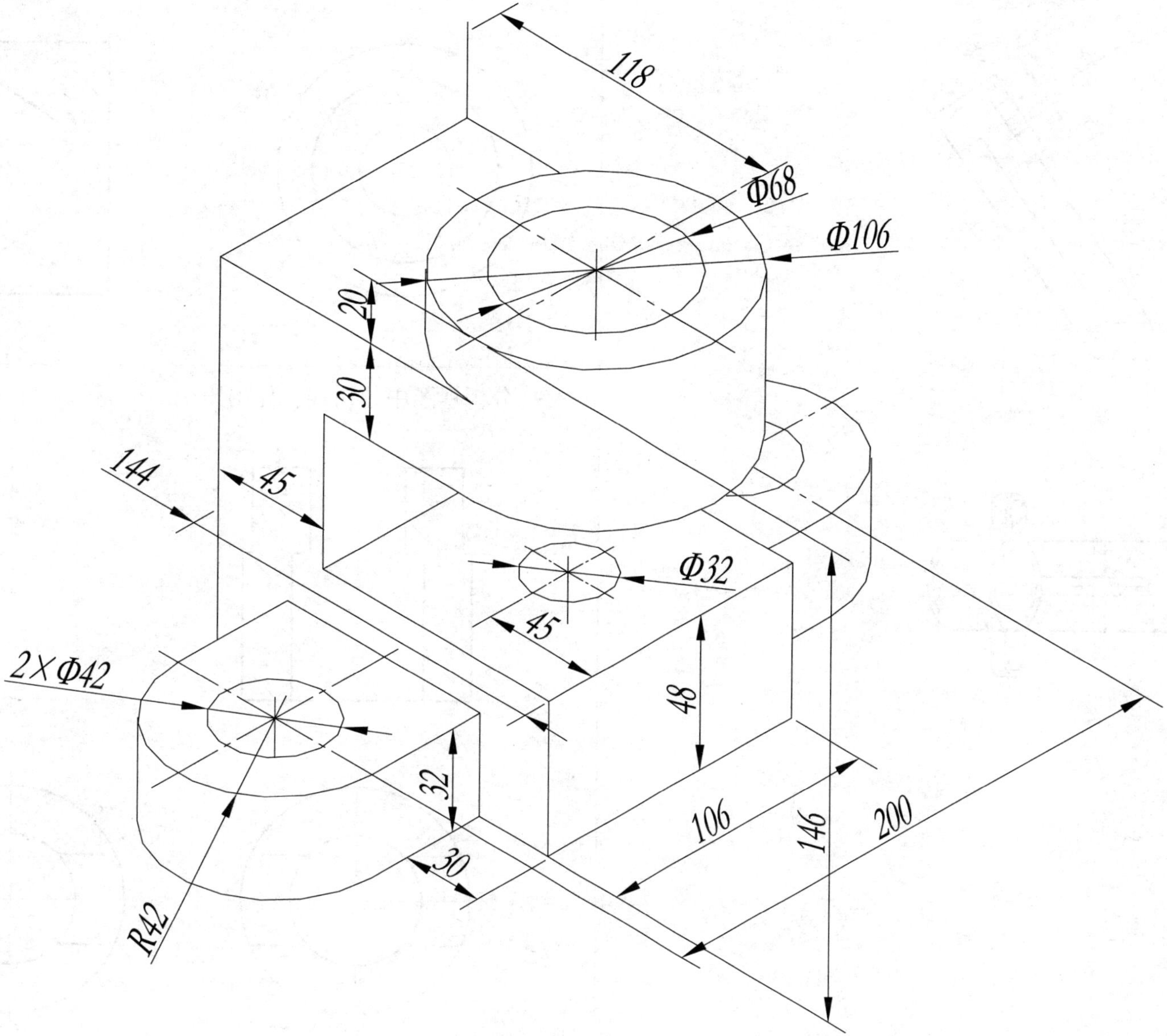

5-1 根据视图中的尺寸，作*A*视图（斜视图）、*B*视图（局部视图）。

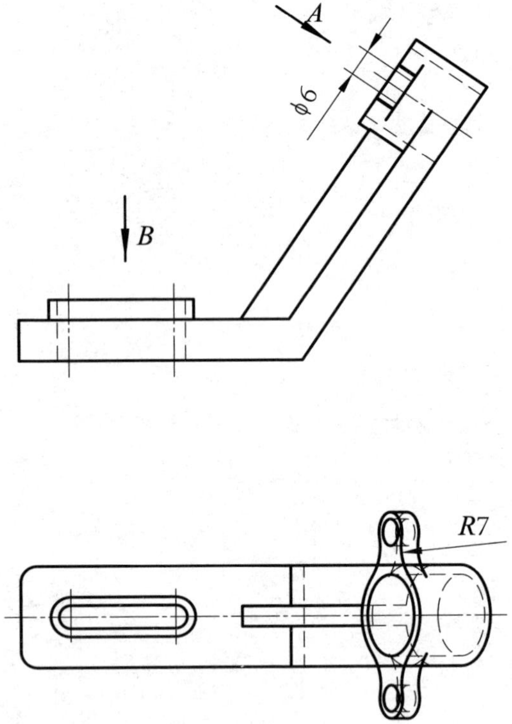

5-2 补画视图中所缺图线。

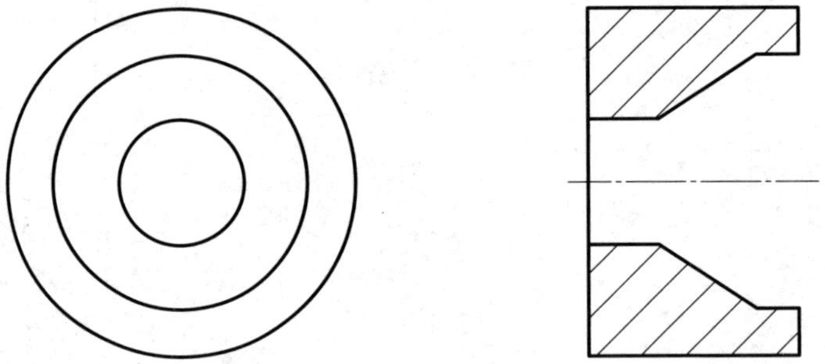

5-3 分析视图中的错误，作出正确的视图。

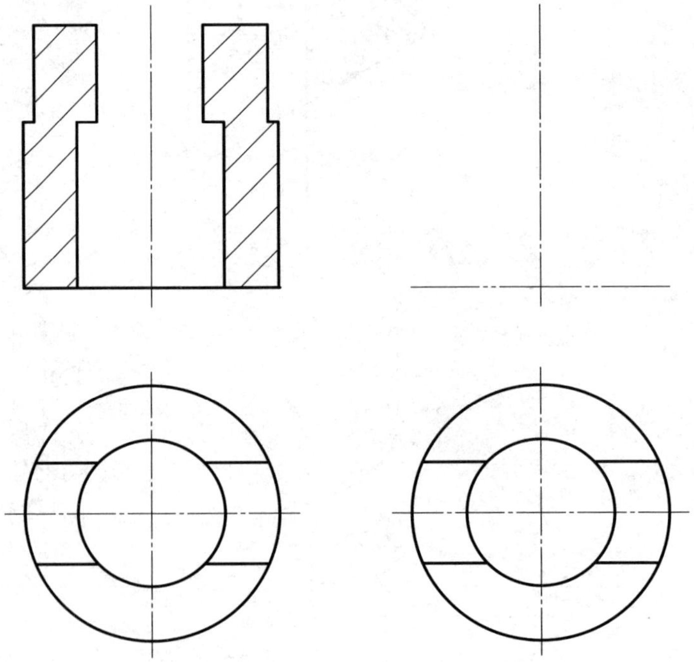

5-4 补画视图中所缺图线。

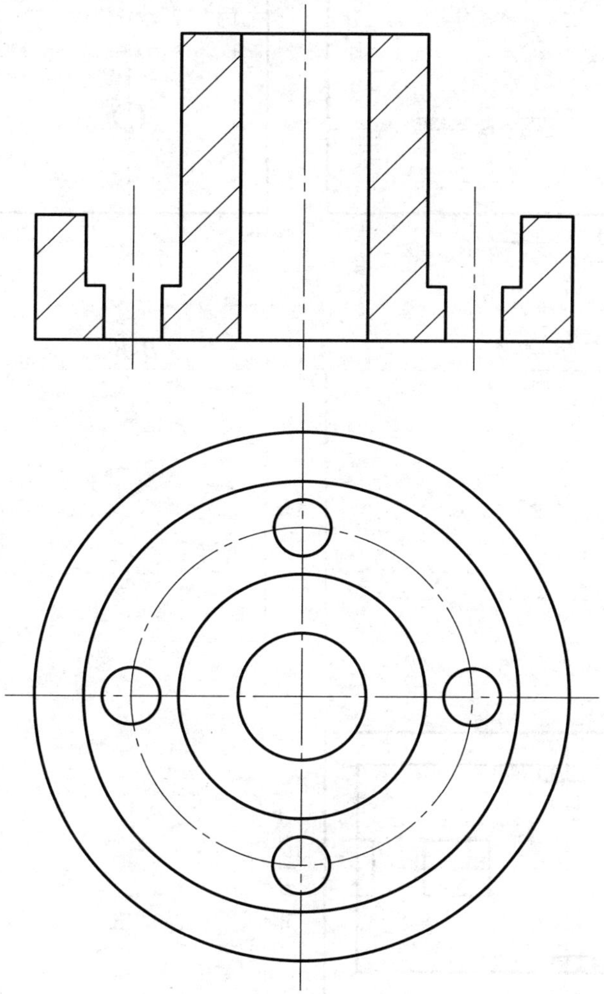

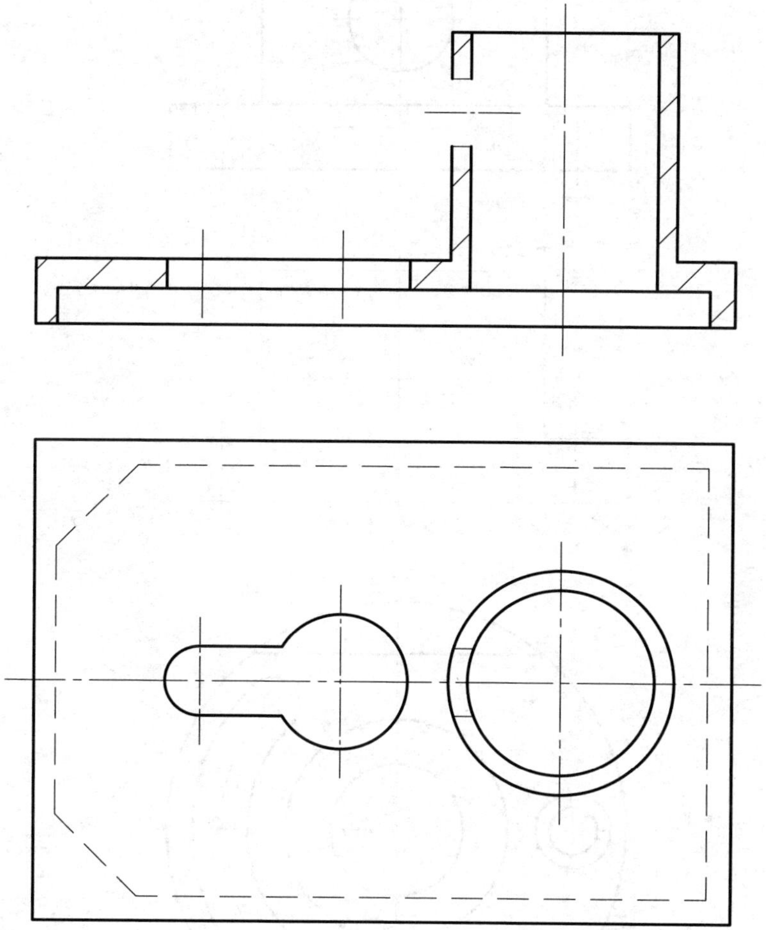

5-5 在指定位置作主视图的全剖视图。

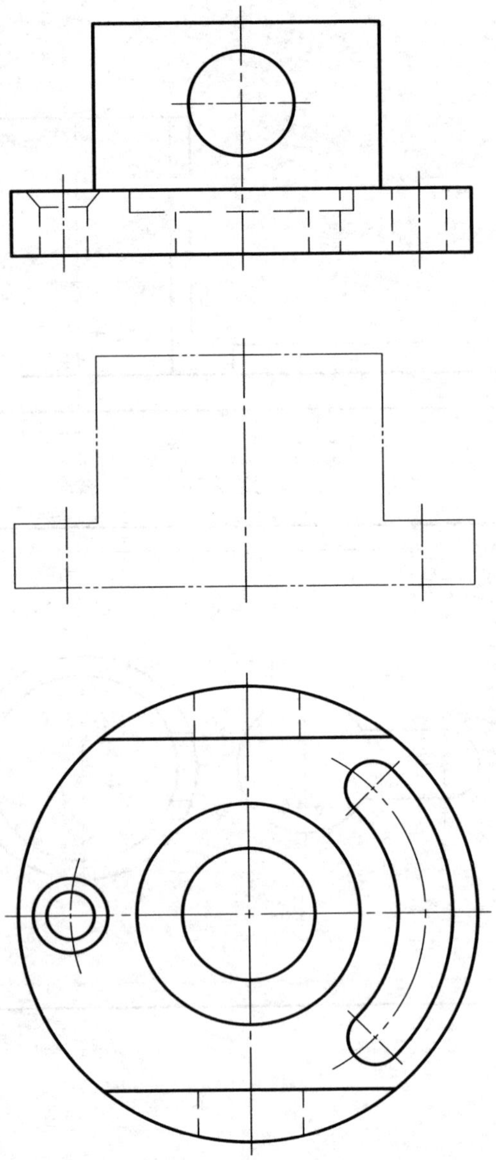

5-6 读懂三视图，在指定位置作全剖视图。

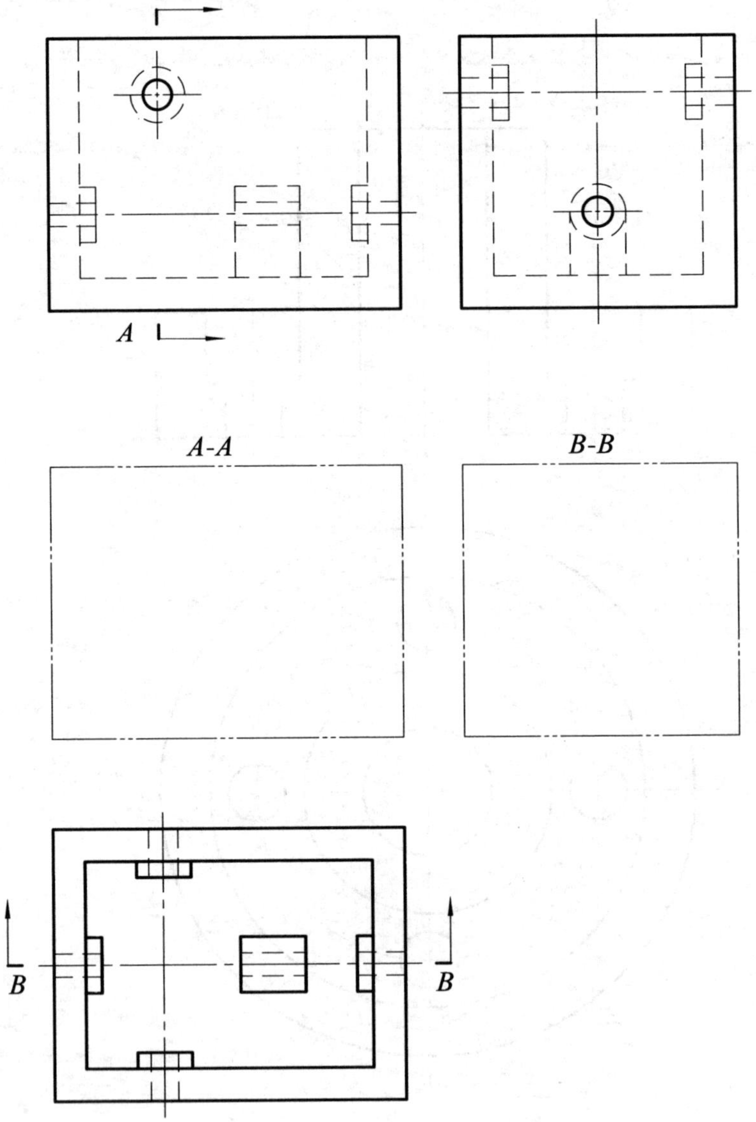

5-7 在适当位置剖切机件，补画半剖俯视图。

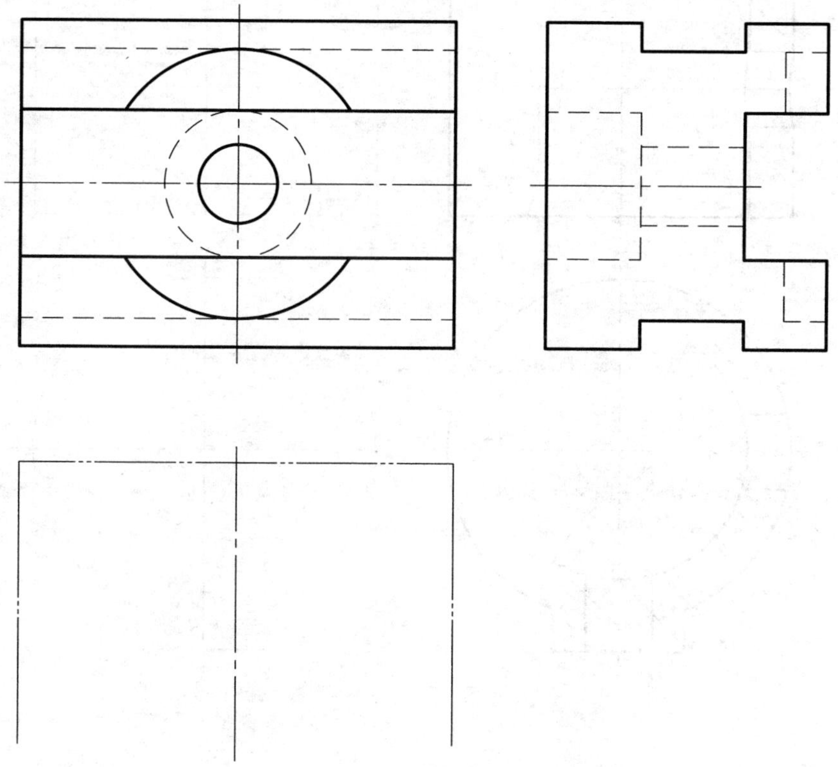

5-8 将主视图改画成半剖视图。

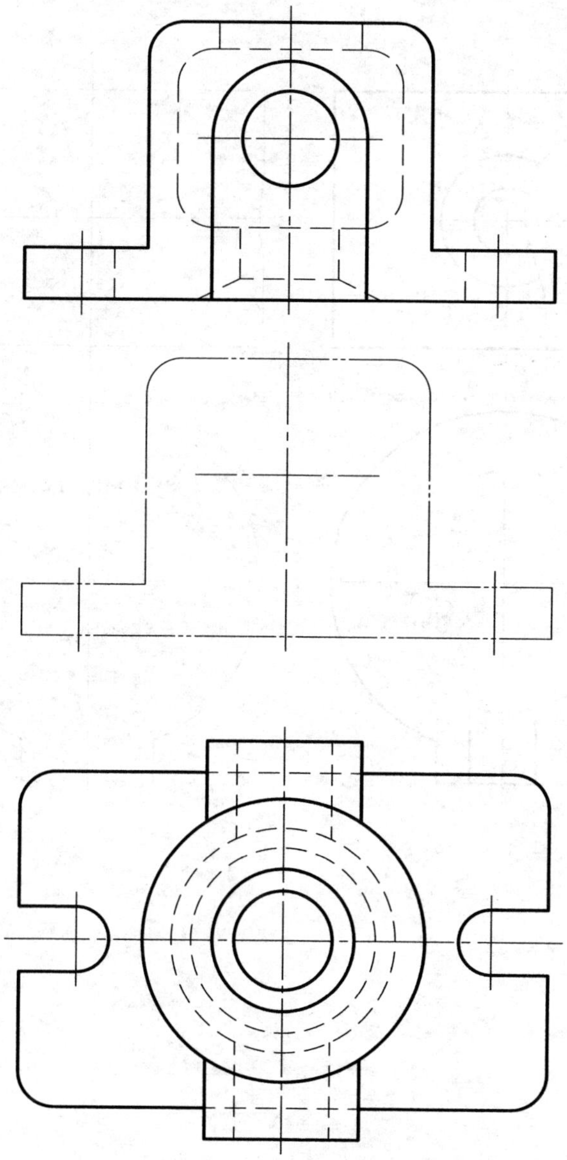

班级：________学号：________姓名：________

5-9 分析同一机件两表达方案中的错误，作出正确的局部剖视图。

1.

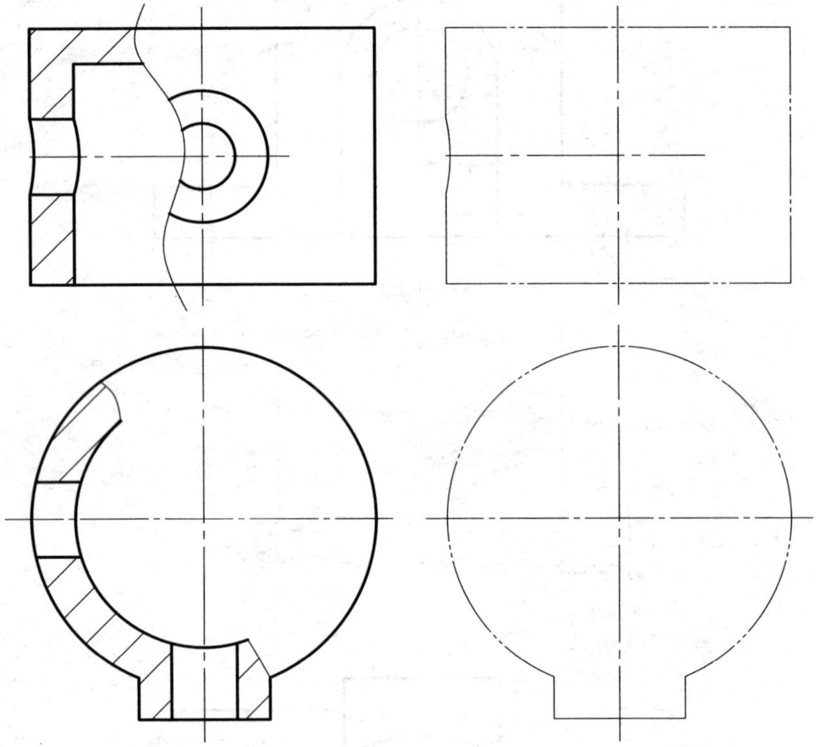

2.

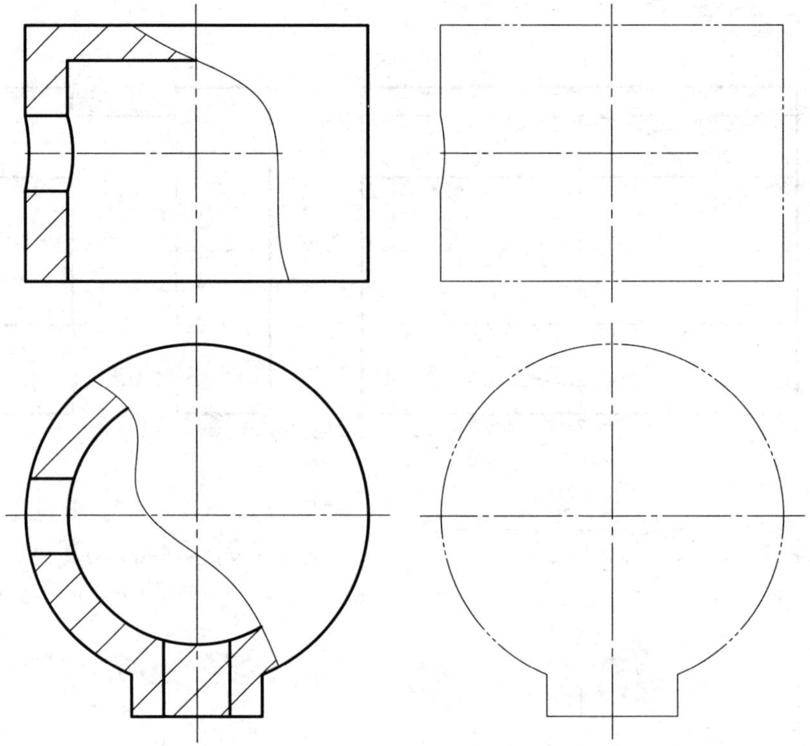

班级：________学号：________姓名：________

5-10 将主视图改画成局部剖视图。

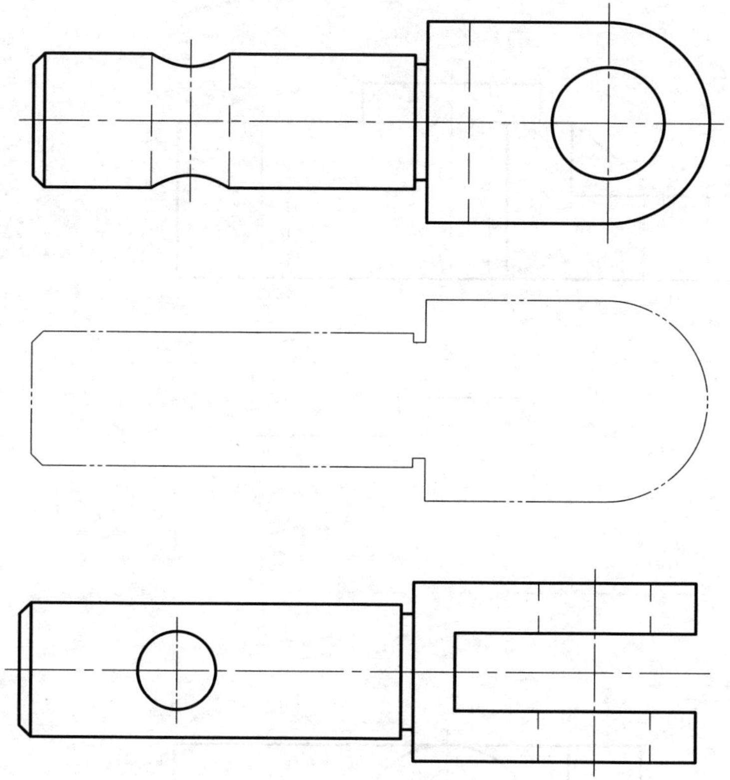

5-11 根据主、俯视图，在指定位置用局部剖视图重新表达。

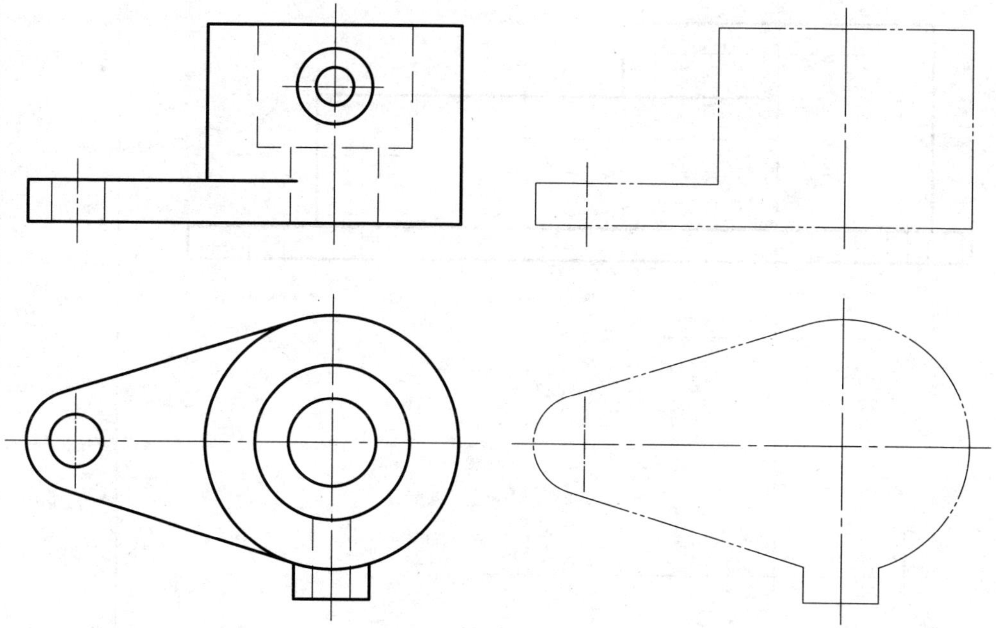

5-12　把主视图画成合理的旋转剖视图。

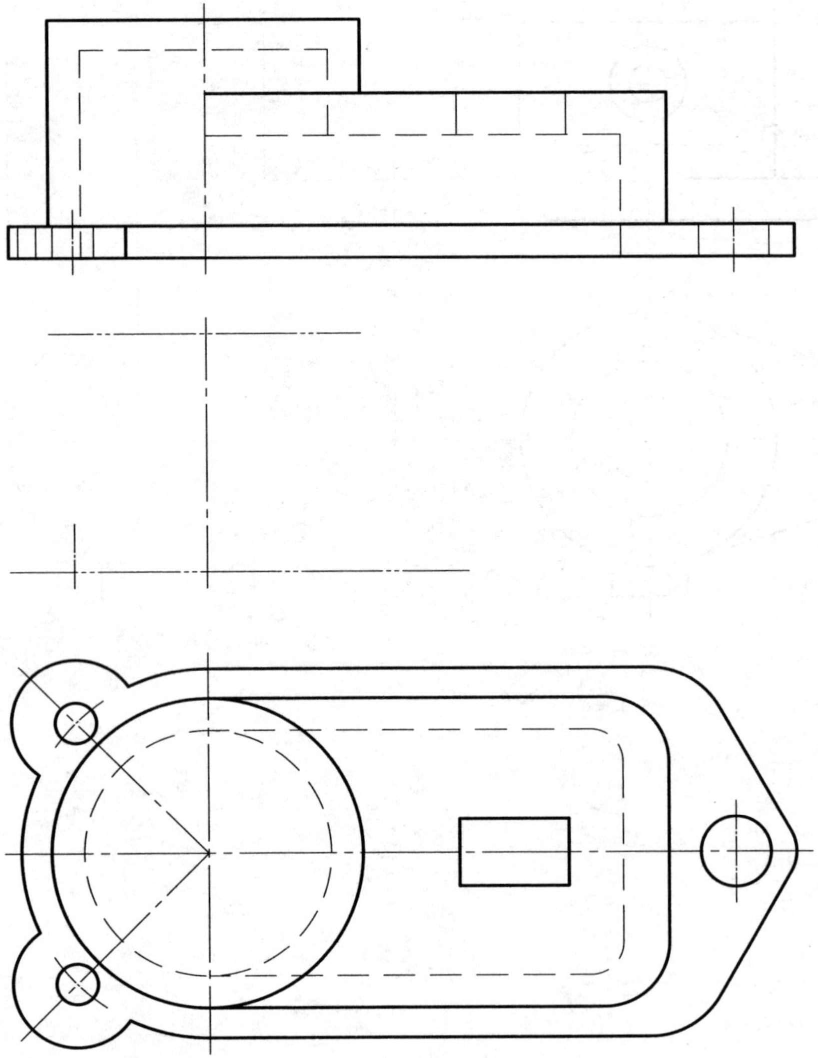

5-13　将主视图改画成阶梯剖视图,并按规定进行标注。（尺寸在视图上量取，并圆整。）

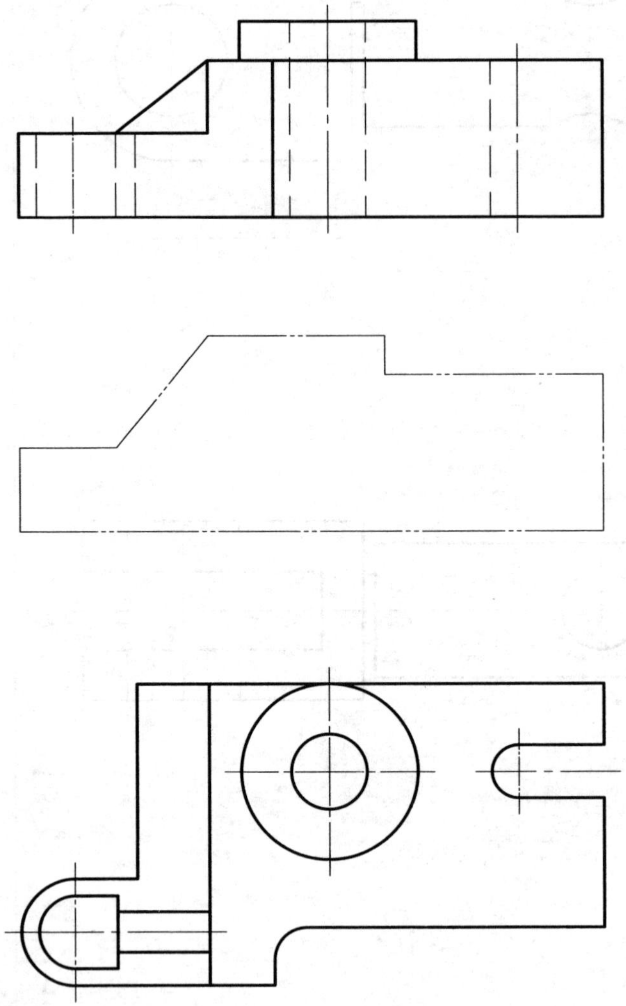

5-14 用几个相互平行的剖面将视图改画成剖视图。

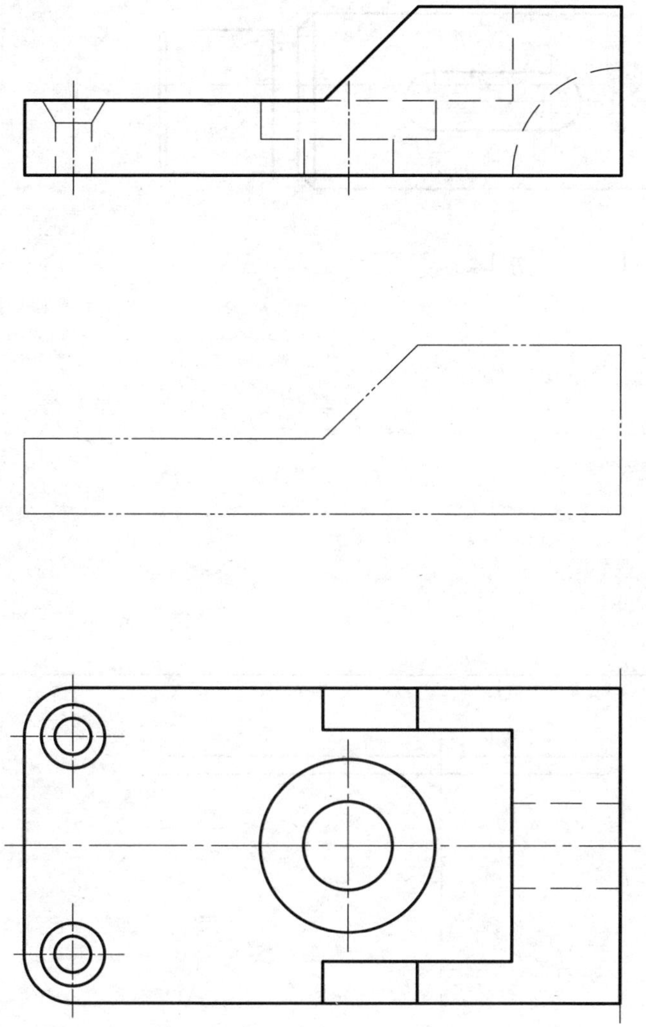

5-15 按*A-A*向给定的剖切位置画出旋转剖视图。在两相交剖切面迹线的延长线上，作移出断面图。

1.

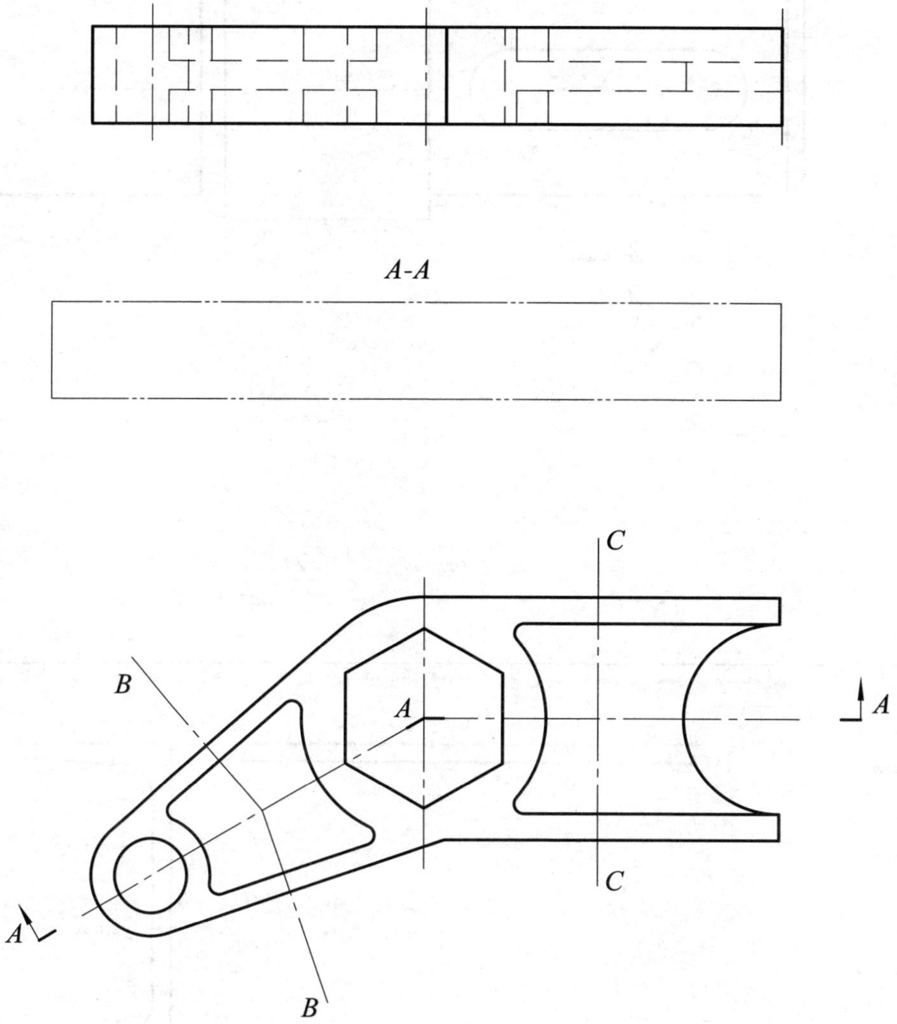

2.

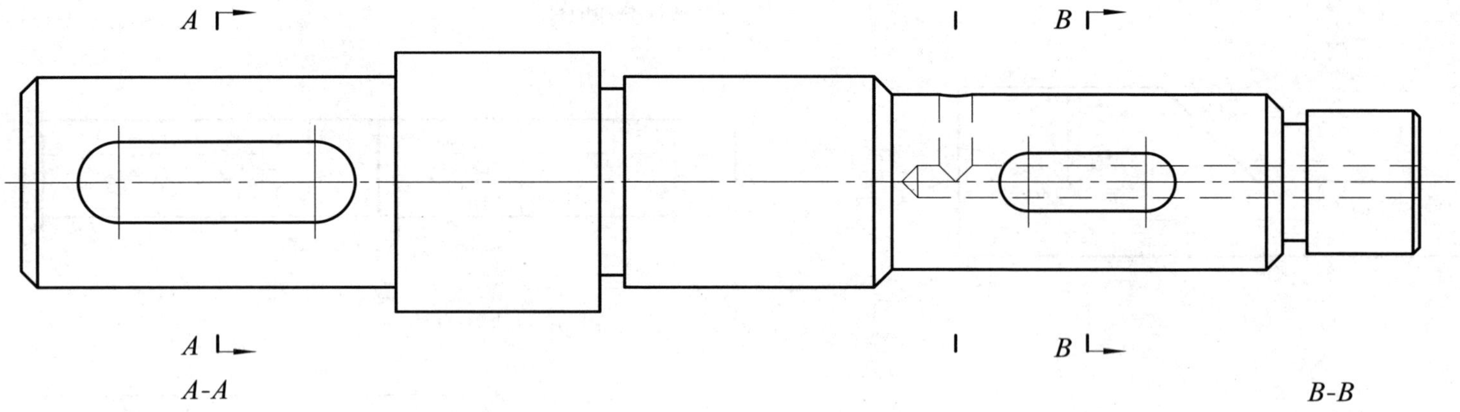

3.

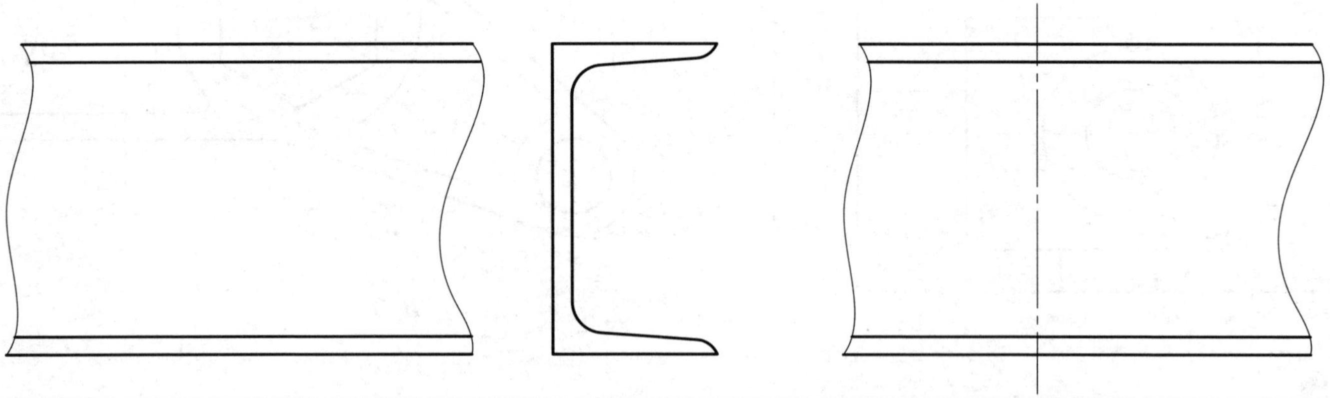

绘图训练-5 表达方法综合应用

表达方法的综合应用制图作业要求

一、目的、内容与要求

1.目的、内容：根据所绘机件（阀体）的三视图选择并画出所需的剖视图、断面图和其他视图，并标注尺寸。

2.要求：对指定的机件选择恰当的表达方案，将机件的内外形状表达清楚。

二、图名、图幅、比例

1.图名：球面柱缸阀体。

2.图幅： 图纸。

3.比例： 1∶1。

三、绘图步骤与注意事项

1.对所给视图进行形体分析，在此基础上选择表达方案。

2.根据规定的图幅和比例，合理布置视图的位置。

3.逐步画出各视图。画图时要注意利用适当的剖视图、断面图和其他表达方法，并配置和调整各部分尺寸，完成底稿。

4.仔细校核后用铅笔加深。

5.图画质量与标题栏填写的要求，同前面作业。

绘图训练-5　表达方法综合应用　阀体

未注圆角R3

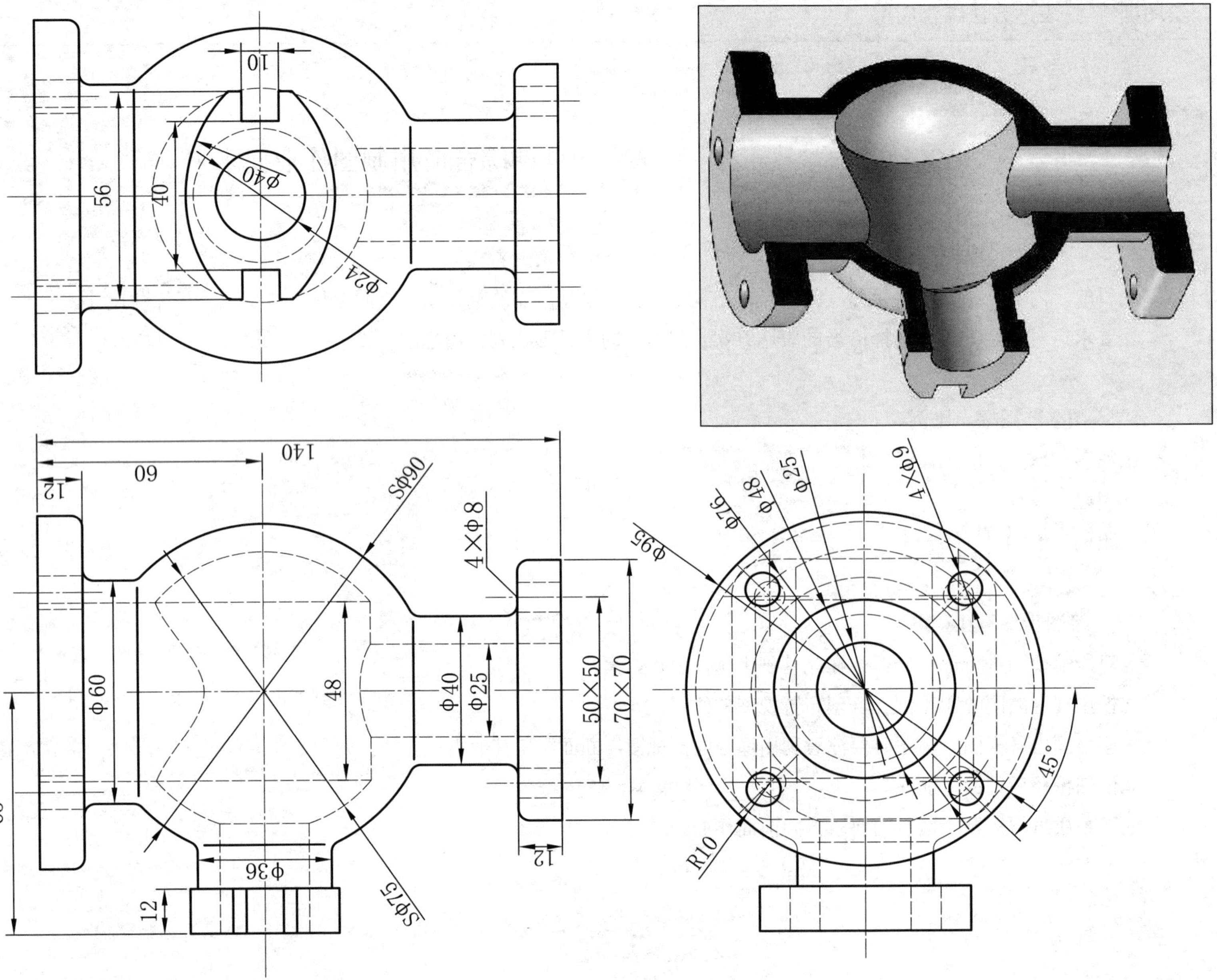

6-1　螺纹的规定画法和标注

1.按照规定画法，参考教材，绘制螺纹的主、左视图，应用比例1：1。

（1）外螺纹：M20，螺纹长30，螺杆长40，螺纹倒角2×45°。

（2）内螺纹：M20，螺纹长30，孔深40。

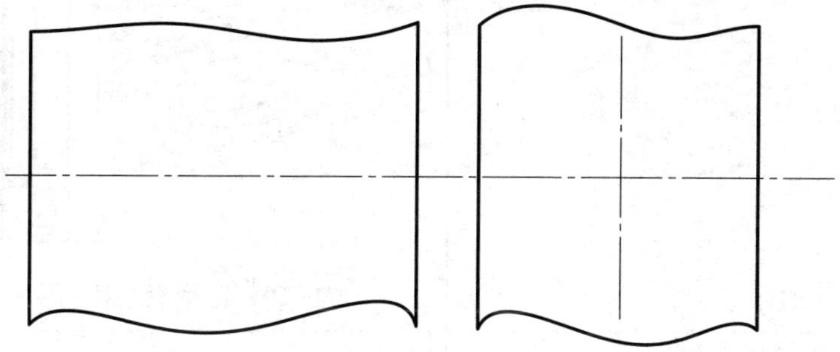

2.根据下列给定的螺纹要素，标注螺纹的标记或代号。

（1）粗牙普通螺纹，公称直径24，螺距3，单线，螺纹公差带：中径、小径均为6*H*。

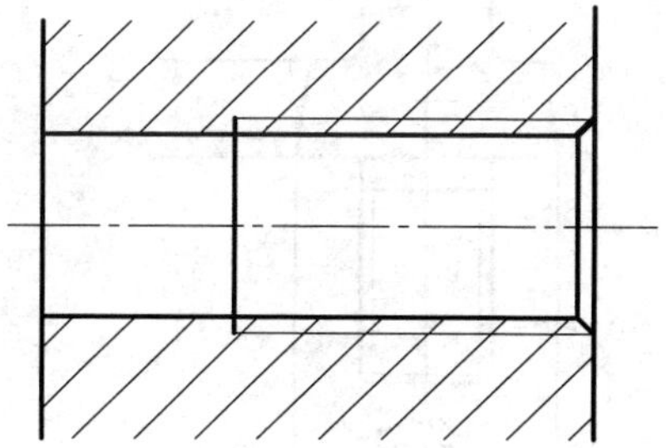

（2）细牙普通螺纹，公称直径30，螺距2，单线，右旋，螺纹公差带：中径5*g*、大径6*g*。

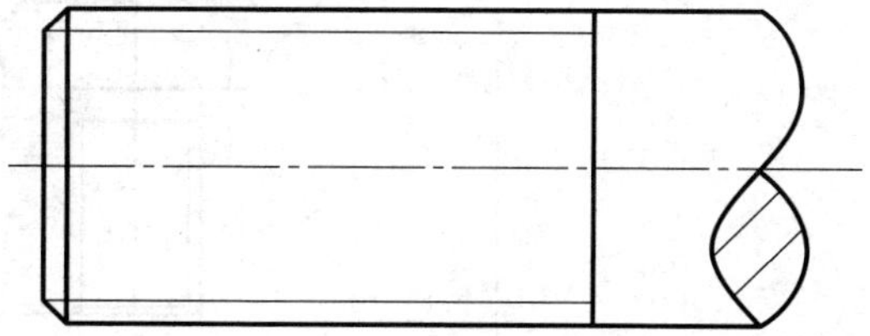

2.（3）非螺纹密封管螺纹，尺寸代号3/4英寸，公差等级为A级，右旋。

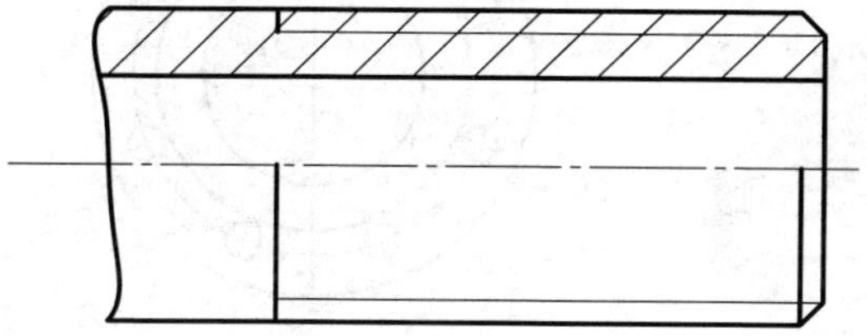

2.（4）梯形螺纹，公称直径32，螺距6，双线，左旋。公差等级为A级，右旋。

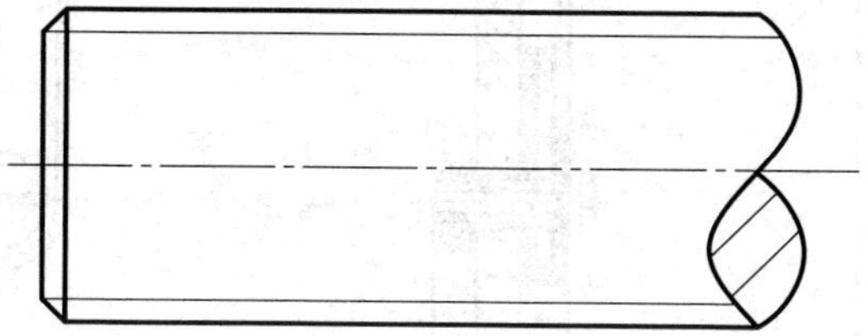

6-2 标准件示例

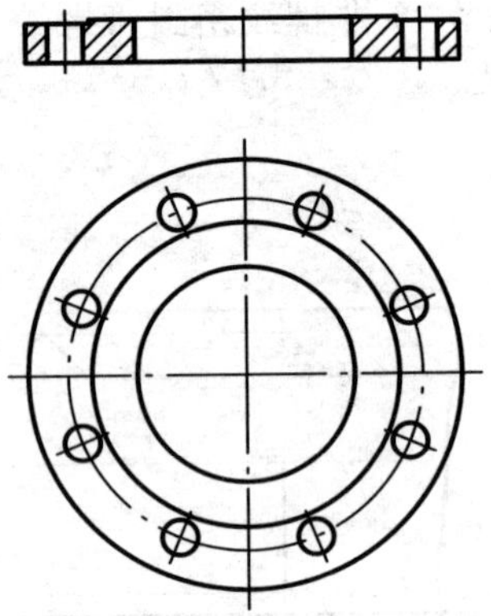

1.板式平焊钢制管法兰 GB/T 9119-2010:PL100(B)-1

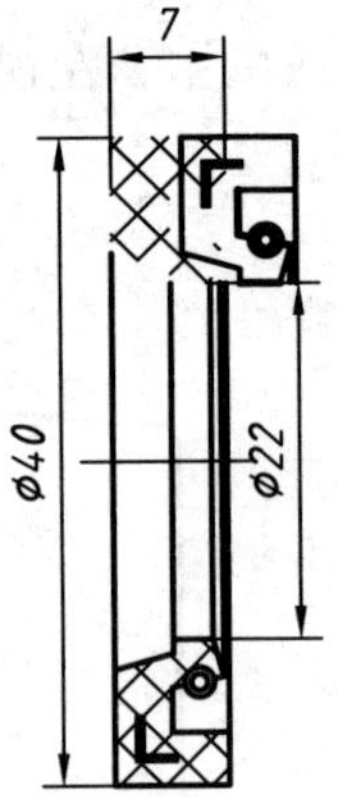

2.内包骨架旋转轴唇形密封圈 GB/9877.1-2008：2240

3.

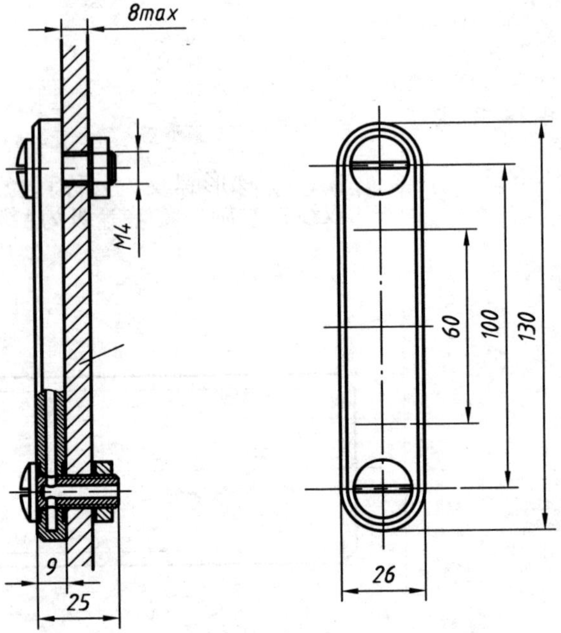

4.

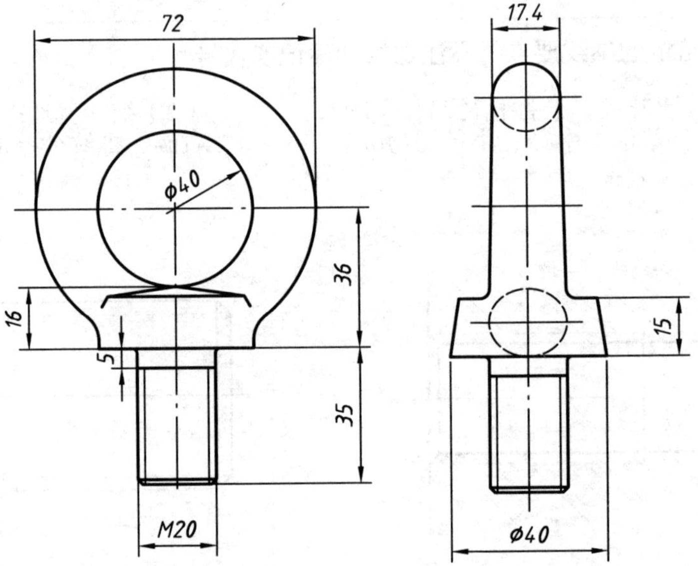

6-3　GB化工常用非标准件示例

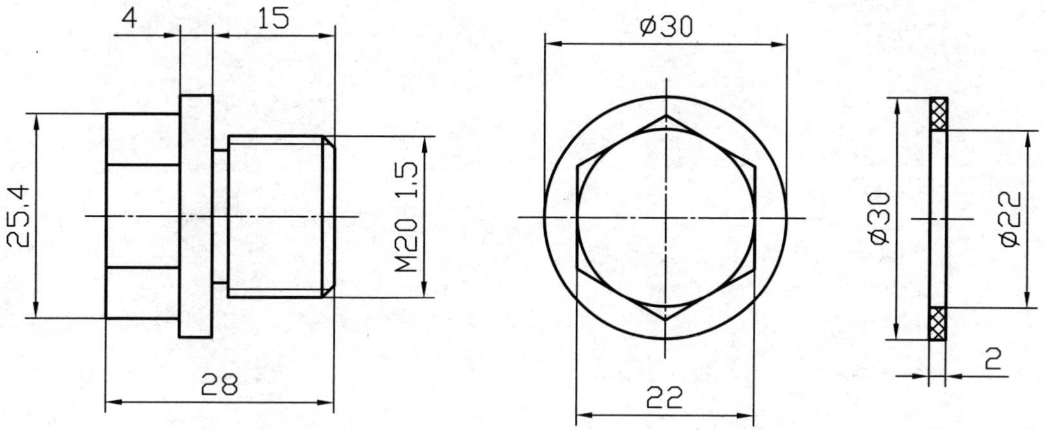

1.外六角油塞和油封垫M20

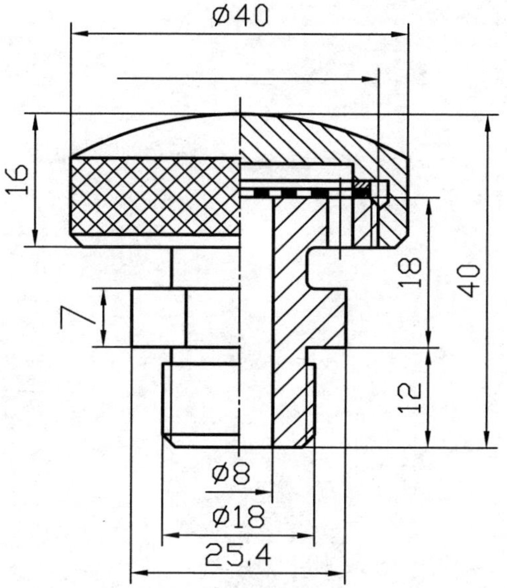

2.通气器M18

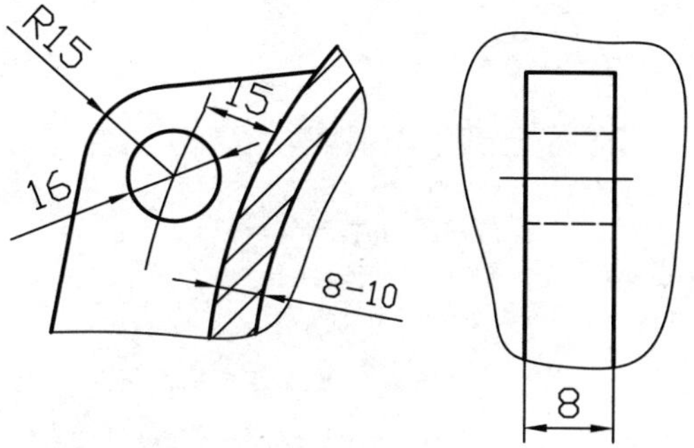

3.吊耳结构尺寸